职场新人
快速崛起指南

焦海利 ◎ 编著

吉林出版集团股份有限公司

图书在版编目（CIP）数据

职场新人快速崛起指南 / 焦海利编著. — 长春：吉林出版集团
股份有限公司, 2018.7

ISBN 978-7-5581-5235-1

Ⅰ. ①职… Ⅱ. ①焦… Ⅲ. ①成功心理 – 通俗读物
Ⅳ. ①B848.4–49

中国版本图书馆CIP数据核字（2018）第134167号

职场新人快速崛起指南

编　　著	焦海利	
责任编辑	王　平　史俊南	
开　　本	710mm×1000mm	1/16
字　　数	200千字	
印　　张	15	
版　　次	2018年10月第1版	
印　　次	2018年10月第1次印刷	
出　　版	吉林出版集团股份有限公司	
电　　话	总编办：010-63109269	
	发行部：010-67208886	
印　　刷	三河市天润建兴印务有限公司	

ISBN 978-7-5581-5235-1　　　　　　　　　　　　定价：39.80元

一个敬业的员工，是最可爱的员工！

一个敬业的员工，才是每个企业都欢迎的员工！

工作好多年，为什么到现在你还徘徊在最简单的岗位上？其他同学、同事、同乡们都纷纷有了自己的事业，为什么你还是一名不文，挣扎在基本的生存线上？

原因很简单——你无法胜任其他的工作。

在当今竞争激烈的社会里，想提高自己的胜任力，通过工作实现自己的人生价值、走向事业的高峰，首先具备的基本工作态度就是敬业！

敬业首先要具备自信心。这是本书阐述的第一个要点，自信心是一切事业的起点，有自信的员工，才能勇敢去承担工作的责任，才能做到敬业。

敬业需要热爱自己的工作。三百六十行，你到底适合哪一行？只有适合自己的工作，才是最好的工作。要根据自己的兴趣、性格等做好职业规划，找到最适合自己的位子，才能发挥自己的潜能。

敬业，就是忠诚于公司、忠诚于老板。忠诚的人，总是能得到人们永恒的敬意与由衷的喜爱。职场上，忠诚是衡量一个员工是否具有良好职业道德的前提和基础。一个忠诚的员工，对公司有超强的责任心，能与公司同呼吸共命运。员工的忠诚，可以使企业有一股凝聚力。对于员工自己来说，忠诚为他赢得更多的机会、更广阔的发展空间。忠诚比能力更重要，忠诚的员工最受老板的青睐。

敬业，还需要热忱的态度。热忱是工作的灵魂，对工作没有热情，如同一个人没有灵魂。首先要明白工作是我们的立身之本，要抱着感恩的心来对待工作。一个整天抱怨的员工，是不可能有热情的。择业的时候就选择自己喜欢的，用全部的热情去面对这份工作。如果不是自己喜欢的，既然选择了就必须去喜欢，在工作中寻找乐趣。对工作抱有极大的热情，才会全身心投入到工作，就做到了敬业！

敬业是员工的基本素养之一。要做到敬业，就要明白工作的性质。工作不仅仅是谋生的手段，更重要的是，工作是我们的天职，是我们必须要做的事情。不工作的人生，是空虚的人生。只有通过工作，才可以实现自我的价值。敬业的员工，不会只想着为薪水工作，他们会把每一份工作当作历练自己的舞台，把工作中每一件细小的事情当成事业的一部分。他们对工作高度负责，不逃避责任，不互相推诿。他们热爱自己的岗位，不管是多么脏、多么累、多么琐碎的工作，他们都能在自己的岗位上坚持。

那么如何做到敬业呢？要有付出的心态，这个世界没有天上掉馅饼的荒唐事，所有的得到都是由付出换来的，一份耕耘一份收获。而且没有白吃的苦，没有白付出的汗水，回报终究会有的。要有吃苦耐劳的精神。天道酬勤，智商不再是成功的决定因素，更重要的是情商。情商体现的最普遍的就是敢于付出，要勤奋，多付出多回报。要有认真负责的态度。职场上最讨厌应付了事的员工。认真、踏实，不管老板安排什么工作都要尽心尽力地完成。要有坚持的心，没有半途而废的成功，没有坚持到底的失败。职场之路也是一段很长的路，既然选择从事哪一份事业，就要走到最后。成功人士不是比我们聪明多少，而是比我们多坚持了一会儿。

敬业，就是集中一切时间和精力对待自己的工作。那些工作上始终看不到进步的员工，就是那些无所事事、三心二意、做事拖拉的员工。他们感觉工作看得过去就可以，讲究一下就可以。这种员工就是不专业的员工，不专业的员工无法胜任工作，他们的最终下场就是黯然离开！

用敬业的心，才能做专业的事！作为职场人士，你的成功就从这里开始！

CONTENTS 目录

第三章

忠诚，敬业的基础

第四章

热忱，敬业的灵魂

第五章

敬业，是员工的基本素养

第六章

专注，就是敬业

第一章

打造最好的
自己

一个事业上的成功者，必定有一个完美的人格。从一些伟大人物的成功事迹，到我们这些平凡人物为生存奔波努力，如果想取得事业上的成功，一定要塑造一个最好的自己。这个社会日新月异，新鲜事物层出不穷，只有不断地磨炼自己、充实自己，才能在这个社会上立足！

01
认识立体的自我

对于一台机器来说，构造和配置就决定了它的运行效率。要想知道这部机器性能如何，首先得了解它的构造。一个人犹如一台机器，现在和未来，我们的人生到底如何，需从认知自我开始。

认知自我，比如，我是谁？我的兴趣、性格、能力、价值观是什么？我的资源有哪些？我对自己的期待以及家人对我的期待是什么？等等这些，都是需要了解的内容。

认知自我、评价自我非常重要。尤其在现在的社会背景下，很多年轻人正是由于不认识自己，不充分理解今天这个社会中的情况，就出现了两种情况。

其一，过分注重自己的不足和缺点，会产生灰心泄气、沮丧自卑的心理。这种人喜欢怨天尤人，不去奋斗，自生自灭。现实生活中一点点的挫折、打击，都能让他们悲观、失望、苦恼，从而抱怨、彷徨，把大好的时光白白浪费掉。

其二，过分夸大自己的能力和优点，产生沾沾自喜、盲目自大、盛气凌人的心理。这种人总以为自己才高八斗，学富五车，或仗着后台比较硬，或者年龄上的优势，在工作中、生活中锋芒毕露，自负清高。然而，最终他们总会被残酷的社会现实碰一鼻子灰。

所以，认知自己，就是对自己各方面有一个了解和正确的评价。对自己的能力、优势等个性品质，要进行实事求是的评价，不可过高也不可过低，这样才不会出现自负和自卑的心理，而成为上述两种人。

古人云："人贵有自知之明。"这是说正确认识自己、评价自己的重要性，包括自己的文化和能力素质。从而给自己来个准确的定位，以发挥自己的优势和特长，在工作的时候就知道如何取长补短，将自己培养成为高素质的技能人才。

那么如何认知自己呢？这里有几个方法可供参考。

首先，通过与同龄人比较，以客观的分数和成就为依据。就像在上学的时候一样，用分数或者其他能力比较自己与同学的差距。在社会上，为人处世能力、工作能力等，都是可以用来比较的，通过与身边人的比较，可以找到自己的位置。不过在比较的时候，要选择环境和心理条件相近的人，这样才较符合自己的实际水平和自己在群体中的位置。虽然这种方式带有主观色彩，但也是一种常用方法。"以人为镜，可以正衣冠"，就是这个道理。

其次，与自己的期望相比较。自我期望是促使人类获得各种成就最重要的动因，也是我们所要达成的目标。在一定的时期内，我们都对自己某些方面有所要求，比如为人处世能力、工作技能，我们是否在时间期限内达到自己期望的效果呢？

再次，了解别人对自己的评价。人人都会通过同伴对自己的评价来认识自己，而且在乎别人怎样看自己，怎样评价自己。从家人、同学、同事、上司、下属等，这各种的社会关系中，我们自己在与他们交往当中，性格、品行、特点都有所展现。他们给出看法和评价，我们自己进行总结，优点继续发扬，不足的积极改进，这是对认识自我、完善自我非常有帮助的。如果自我评价与周围人的评价有较大的相似性，则表明我们的自我认识能力较好、较成熟；如果客观评价与你自己的评价相差过大，则表明你在自我认知上有偏差，需要调整。不过，我们也要客观地分析他们的评价，应全面听取，综合分析，恰如其分地对自己做出评价和调节。

最后，通过我们的生活经历来认知。成功和挫折最能反映个人性格或能力上的特点，通过自己成功或失败的经验教训来发现个人的特点，在自我反思和自我检查中重新认识自我，认识自己的长处和短处，把握自己的人生方向。如果你不能肯定自己是否具有某方面的性格、才能和优势，不妨寻找机会表现一番，从中得到验证。

方法固然重要，但更重要的是我们对自我的认知一定要完整，不可以自己的心理需要而只注意某一方面的评价。

然后，就是怎么对待这些自我评价了：八个字——取长补短，扬长避短。其实，每个人都有自己的优点和长处，并且在自己的长处上表现得非常积极，工作效率也非常高。那么我们所要做的，最好就是让自己的长处与所从事的职业相吻合。每个人都有自己的人生价值坐标，当你所处的位置点正好是你的价值坐标点时，你就能很好地发挥自己的特长和优点；但是如果错了，你就怀才难遇知音了。

通过对自己各方面的综合分析，才能有自己的职业规划，才能在我们下一步从事的职业中游刃有余，发挥最大的潜能，实现我们的人生目标。

02

长得漂亮不如活得漂亮

"金无足赤，人无完人。"人的天赋有高低，能力有大小，总不可能人人都能有爱因斯坦那么聪明，或者像比尔·盖茨一样富有。客观地认识自己之后，要学会悦纳自我。接纳自己，喜欢自己，不要妄自菲薄。

比如，现在流行的美女都是有标准的，从眼睛到皮肤，从头发到三围，但是大多数人都不是那么容易达到标准的，一些小姑娘们整天为自己太胖、太矮、太黑、太瘦的身材愁眉苦脸，闷闷不乐。甚至上班的时候都在埋怨自己怎么长得这么难看，可能就稀里糊涂把一个小数点看错了！真是可悲！她们无法正视自己的缺点，自怨自艾，妄自菲薄。

要知道，没有人是十全十美的，任何人都有其优点和缺点，名人、伟人也不例外。孙膑腿有残疾；林肯其貌不扬；贝多芬晚年双耳失聪；海伦·凯勒双眼失明；洛克菲勒有学习障碍……要勇敢地接受自己。

《钢铁是怎样炼成的》一书的作者——苏联著名作家奥斯特洛夫斯基说过："对我来说，活着的每一天都意味着要和巨大的痛苦做斗争，但你们看到的是我脸上的微笑。"这位作家面临着什么呢？他才20多岁，却全身瘫痪，双目失明。但他仍然没有放弃自己，他以惊人的毅力，克服重重困难，在病榻上完成了长篇小说《钢铁是怎样炼成的》，逝世时年仅32岁。他塑造了保尔·柯察金的英雄形象，影响了一代又一代的人。后天的疾病使他形体不美，但他却活得很漂亮、很精彩！

勇敢接受自己的缺陷，乐观去生活，这才是正确的人生态度。外表的缺陷很多人都有，相貌是天生的，自己无法选择，大多数的人都相貌平平，要知道美好的容颜随着时间还是会变老的。所以最重要的是心灵美。记住：青春才是美，健康才是美，知识才是美，善良才是美。

除了接受自己与生俱来的外貌上的缺陷，还要接受自己现状上的不足。每个人都有自己在某一方面欠缺的地方，全能性的人才很少。虽然你工作中一直没有什么创新，但是今天上司赞扬你工作细心。虽然你平时不注重生活细节，但是老板和同事欣赏你的创意和才华。虽然你性格内向，但是你的心思细腻、文采飞扬得到上司和同事的认可。

有一个著名的心理实验，教授在某个班级选了一名最愚笨、最黯淡、最不讨人喜欢的女生，要求所有同学当她是真正的美女一般，经常给她赞许、欣赏、奉承，并且要求很多男孩子对她献殷勤。一年后，奇迹出现了，这个当时全班级最愚笨、最黯淡、最不讨人喜欢的女孩子脱胎换骨了，竟然出落得落落大方、十分聪颖。不是别人的称赞改变了自己，而是她自己改变了自己！从别人的称赞中，她慢慢地明白，自己并不是一无是处，就这样她自己发掘自己的优点，并向着期望中的那个自己去努力、去奋斗。如果她不接受自己，又如何能获得这样的改变呢！

接受自己没有超卓的天赋、没有惊世的才华、不是社交场合万众瞩目的中心……同时，不能一步到位登临理想的彼岸，自己只能踏踏实实一点一点向目标靠近；接受自己不够出色之外还不够高尚，会生妒、会怀恨、会暗暗希望自己看不惯的人走霉运；接受自己与理想境界的差距，或者，在清醒的自我认识之后放下对自己过高的要求。

上帝是公平的，给你关了一扇门，肯定在另一边给你开了一扇窗。勇敢接纳自己，会发掘自己另一面一直不为自己所知的优势。有这样一个故事：

在古代，有一个农夫在野外捡到了一个老鹰的巢，里面有一只完好的鹰卵，他把这只鹰蛋拿回家，放到了一只正在孵蛋的母鸡身下。最终，小鹰和其他小鸡一起被那只母鸡孵化了出来，它和其他的小鸡一起被母鸡喂养着，整天和小鸡在一起刨土，找草种子和小虫吃，也常常无意识地跟小鸡一样叽叽地叫上几声。然而，它有一点与众不同，它有着弯弯的嘴和粗大的脚。刚开始，小鹰感觉很自卑。后来，随着它慢慢长大，它感觉自己的羽毛跟其他小鸡不一样，对空气的浮力比较大。直到有一天，鸡群的上空飞来了一只巨大的老鹰，张着有力的双翅，在天空翱翔。小鹰突然有了一种异常亲切的感觉，它发现与身边小鸡不同的自己与这个庞然大物那么相似。就这样，小鹰细致的观察和感知，给它带来了新的认识，它开始找到真实的自我，开始学起了飞翔。终于有一天，小鹰展开翅膀，翱翔在了天空中。

每个人都有自己不完美的地方，接受自己的不完美，每天给自己一个美丽的笑脸。而每个人身上都有自己的闪光点，多想想自己的闪光点，并发扬光大。所以，不必沉浸在对自己缺点的耻辱中，只要认识到自己的不足，并力图改变它，树立一个全新的自我形象。相信，长得漂亮不如活得漂亮，自信的女人是最美的，自信的男人是最有魅力的！

03

自信可以创造奇迹

  自信可以创造奇迹。自信能让一切变得皆有可能。一个人通过认识自我，意识到了自己的优点和缺点，之后就是如何扬长避短完善自我。最关键的是接纳自己，认可自己，在面对一切大小事情上，都要告诉自己"我能行"！

  在美国，曾经有一个口吃的男孩子，从小由于口齿不清，一直遭人笑话。可幸运的是，他有一个伟大的母亲。对于儿子的口吃，母亲这样对他说："这是因为你太聪明，没有任何一个人的舌头可以跟得上你这样聪明的脑袋。"由于那时年龄还小，男孩子对母亲的话深信不疑，也不担心自己的口吃，因为他确实感觉自己的脑袋比别人的舌头转得快。这种自信心使他在其他方面都有特别的能力。他的个子不高，却很喜欢体育。小学时，他想参加篮球队，母亲鼓励他说："你想做什么就尽管去做好了，你一定会成功的！"于是，他就参加了篮球队。当时，他的个头几乎只有其他队员的四分之三。但正是这种自信使他从来没注意到自己个子不高的缺陷。一直到几十年后，当他翻看自己青少年时代在运动队与其他队友的合影时，才惊奇地发现自己几乎一直是整个球队中最为弱小的一个。随着年龄的增大，口吃并没有成为他学习和事业的阻碍，篮球队的经历使他更加相信自己的能力。后来，他成了一个电气公司的首席执行官，这就是被人们称为"全球第一CEO"的美国通用电气公司前首席执行官杰克·韦尔奇。二十年的管理生涯，韦尔奇显示了非凡的领导才能，他说："所有的管理都是围绕'自信'展开的。"也正是这种自信，使他在商界出类拔萃。口吃的韦尔奇成为一个传奇，美国全国广播公司新闻部总裁迈克尔就对韦尔奇十分敬佩，他甚至开玩笑说："杰克真有力量，真有效率，我恨不得自己也口吃。"

如果不是从小母亲引导他正视自己的缺陷，发挥自己的长处，因此而建立的自信，口吃的韦尔奇哪里有如此大的成就！所谓自信，即自己相信自己，是人们赞赏、重视、喜欢自己的一种有益的态度。这是一种成功的信念。

你见过缺乏自信的人吗？看你身边的：他们从不改变自己的服装样式；总是躲在同一群朋友中间；见到陌生人就举止失措；与异性谈话会突然脸红；死死守住自己牢骚满腹的工作……这样的人遇到事情不敢去面对，遇到困难总是逃避，他们有一颗过分夸张的自尊心和虚荣心，需要被同学、同事、家人认可，但总不敢去努力。他们的生活中充满了这样的词汇和句子："我不行""我不敢""不可能""怎么办"，等等。各种各样使他们走向成功的机会放在身边，就是因为这样"我不行"而错失良机。

韦尔奇说，所有的管理都是围绕"自信"展开的。可以毫不夸张地说，这个世界是由信心创造出来的。古人云："天生我材必有用。"既然我们能生到这个世界上，肯定有我们能站的位子。

一个人所能取得成就的大小，取决于其自信程度。韦尔奇并不是天生能取得那样的成就，比尔·盖茨也不是天生就是世界首富，李嘉诚也不是天生就拥有成为华人首富的能力，他们的经历无一例外地告诉我们，自信可以使不可能变得可能。同样，如果你怀疑自己的能力，对成功的信心不足，那你的一生也不会成就伟大的事业，可能甚至连最基本的生活你都会活得暗淡无光。

信心是一种心理状态，可以通过自我暗示培养起来。如果通过反复不断地确认，你相信自己会得到自己想要的东西，然后传递到潜意识里去，它就会带来成功，因为它的主要任务就是要让你实现自己想达到的人生目标。它看不到任何障碍，也没有任何限制，它只做潜意识思维让它去做的事情。

信心是你走向成功最有力的保障。生活就是这样，有时决定你成败的不是你能力的高低，而是你是否有信心，是否相信自己"我能行"。

我们所熟知的疯狂英语创始人李阳，他出生在一个普通家庭，从小性格内向，讨厌与人打交道。而且学习成绩一般，在黑暗的高三，他无法忍受自己成绩总是提不上去，多次想退学。那时候他的职业理想就是从事可以不与人打交道的工作。到了大学，他仍然是班级里的后进生。渐渐的，他开始想改变自己，不愿意再这样无能下去，他找的突破口就是英语。他天天跑到校园空旷处去大声喊英语，还想出两个办法督促自己坚持下去：一是告诉很多同学自己要每天坚持学英语、喊英语；二是邀请班内学习最认真的一位同学陪他一起大喊英语。四个多月后，他发现自己可以复述10多本英文原版书，背熟了大量四级考题，听说能力脱胎换骨！尽管刚开始他怕上台，怕开口，但是他又告诉自己"我能行"。正是因为通过学习英语取得的成功，他树立起了人生的自信。他认为，这是人生非常大的一次超越，让他终身难忘。很多人都知道，李阳的激励语是：I enjoy losing face!（我热爱丢脸！）这就是他的成功秘诀。

居里夫人曾说过："我们应该有恒心，尤其要有自信心！我们必须相信，我们的天赋是要用来做某种事情的，无论发生什么事情，活着的人总要照常工作。"是的，我们都是有天赋的，不要让你缺乏自信的弱点使你在你的岗位上碌碌无为，相信你的能力，说不定你也可以在这个岗位上发热发光。自卑被自信超越之日，便是生命之花怒放之时。

　　人生本来就是一条充满荆棘的路，只有自信才能使人勇往直前，到达成功彼岸。在到达成功的这条路上，要遇到种种困难，而自信就是克服这些困难的良药。我们只有自信，才能自强不息，才能使我们为自己的愿望或理想而努力奋斗。

04

优秀是一种习惯

亚里士多德说过，优秀是一种习惯。什么是习惯呢？习惯是长时间逐渐养成的、不容易改变的行为。比如走路的姿势、讲话的口头禅、演讲的肢体语言等，还比如早起跑步饭后散步、待人诚恳、对人微笑，等等，这些行为都是习惯。那么，如果在你的工作和事业中，你守时、认真、负责、踏实、有创意，你的业绩总是遥遥领先，你的人缘总是很好，这就是一种优秀。让优秀成为一种习惯，渐渐的，你就登上了成功的阶梯！

播种一种行为，收获一种习惯。播种一种习惯，收获一种命运。习惯决定命运。英国诗人德莱顿说："首先我们养成习惯，随后习惯养成了我们。"人就是在这些细微的习惯中逐渐成长的。工作中，如果你养成的是懒惰、拖拉的习惯，那你可能无法做出成绩。相反，如果你养成的是优秀的习惯，那么习惯就会成就你成为一个优秀者、成功者！

从前，有一个穷小子，有时候连饭都吃不到，他做梦都想着有一天会发大财。就在一个晚上，他果真做了一个发财梦，梦到有一个白胡子仙人给他说，在离他家不远的海滩上，有一颗试金石，这颗试金石同其他石子长的一模一样。不同的是，这颗石子拿在手里会有一种温暖的感觉，好像是个活的东西，只要任何东西让它一碰，就会立刻变成金子。醒来之后，这个穷小子非常兴奋，赶紧跑到海滩上。他开始一颗一颗地捡石子，每捡一颗摸一下，如果没有温度他就扔到深海里去。就这样，他捡啊捡啊，一块一块地捡，一块一块地扔。也不知道过了多长时间，他每天都重复这一个相同的动作。有一次，他捡起一块石子又习惯性地扔到深海里，就在石子离开手的一刹那他突然感觉到了石子的温度，他大叫一声，可是石子已经"嗖"一下飞了出去，落到了深海里。那么深的海，早已找不到那块试金石了。这个穷小子后悔不已，又沮丧地回到家中过他的穷日子。

故事中，一个微小的动作就造成了严重的后果。习惯就像飞驰的列车，因为惯性作用的存在，无法停住脚步直冲前方。列车可以胜利到达既定的前方，也可能偏离方向。此时，习惯就是你的方向盘。不管是好的习惯还是坏的习惯，莫不如此，只是其结果截然不同。可见，无论是人生的成功还是事业的发展，很大程度上取决于习惯的好坏，而优秀的习惯才是成功的动力之源。

习惯是所有伟人的奴仆，也是所有庸人的帮凶。如果是好习惯，它会让你获取财富，给你带来成功的喜悦。反之，它会让你穷困潦倒，让你品尝失败的苦果。习惯尽管难以改变，但并不是不可以改变。而且，最重要的是，习惯无论好坏，它都掌握在你自己的手里，它完全听命于你。

谁不渴望成功，谁不希望自己被鲜花和掌声包围，被社会大众所认可、尊敬，那么就从身边的点点滴滴做起，去努力培养优秀的习惯。认真做好每一项工作，勤奋就成了一种习惯；及时检查总结存在的问题，细心就成了一种习惯；答应的事说到做到，诚信就成了一种习惯；感谢他人的帮助，感恩就成了一种习惯；等等。当我们养成了这些习惯，在人们的眼中我们就已经变得优秀。正如你习惯于微笑，你就会留给人们美好的印象。当我们把优秀的品质，由显意识的刻意为之，慢慢转化为潜意识的过程，并不断坚持，成功也就离我们不远了。

有家外企招聘高级管理人员，经过严格的初试，有很多比较优秀的应聘者入选。接下来就是复试，复试非常关键，如果复试成功就可直接录取。这些经过初试的应聘者都很自信，对于考官的每一个问题都对答如流，而且相当到位。最后轮到了一个年轻人，这个年轻人衣着整洁，他明白前几个应聘者都非常顺利，所以或多或少有点紧张。就在他走进房门的时候，看到了干净的地毯上扔着一个纸团，他毫不迟疑地弯腰把纸团捡了起来。正准备找垃圾桶的时候，他看到考官赞许地点头微笑，考官对他说："请看看你捡起的纸团。"他莫名其妙地打开了纸团，里面赫然写着一行字："热忱欢迎你到我们公司来任职。"其实经过初试，考官知道这些应聘者都非常出色，所以胜出者就是有着优秀习惯的应聘者。仅仅是弯腰捡纸团这样一个小小的动作，体现了这位应聘者一丝不苟的工作习惯，这就是优秀的习惯，因此他被录用了！毋庸置疑，这位应聘者就靠着扎实的工作能力和一丝不苟的工作习惯在这家公司立足，后来成为这家公司的总裁。

有时候就是这样一个细小的习惯，就能成就一个人的一生！美国著名教育学家曼恩说过："习惯仿佛一根缆绳，我们每天给它缠上一股新索，要不了多久，它就会变得牢不可破。"一个人如果从小养成各种良好习惯，他的一生都会受益。一个员工养成良好的习惯，他的业绩一定会蒸蒸日上。一个企业养成良好的习惯，它一定会发展壮大。

05

用知识武装自己

在这个瞬息万变的社会，竞争非常激烈，要想永远立于不败之地，唯一且有效的途径只能是不断地学习。通过学习，用知识武装自己，不断地更新自己，提升自己，才能游在别人的前面。否则，你只能被时代所淘汰，可能面临被裁员或者倒闭的危险。落后就要挨打，为了不被挨打，就用知识来武装自己。

现在就有这样几种现象。对于企业里一些资深老员工，他们倚老卖老，妄自尊大，自以为在公司的资质老，不思进取，还时时对后进的年轻人指手画脚。这样的人，被裁员的可能性非常大。还有一些初涉职场的年轻人，刚走出校门，心高气傲，对自己在学校学到的理论知识非常自信，感觉自己可以跟得上时代潮流，新到一个公司不够谦虚学习专业技能和公司的规章制度，这样的人也迟早会碰壁。

江郎才尽的故事教育我们，即使天才，他也不能不学习。很多人确实天赋很高，但是终身处在平庸的职位上，并没有多大建树。原因在哪里？老天爷给了他们聪敏的大脑，但他们后天不思进取，不读书，不学习，到了下班时间和假期就去娱乐场所消磨时间，或者去电脑前闲聊。他们自以为掌握的职业技能已经够用，并不知道他们在原地踏步甚至退步的时候，那些天分一般、好学上进的人早已经通过艰苦的自我培训走在了他们的前面。其实这个世界上没有天才，别人比你更成功、更有能力，是因为他们比你更爱学习，更主动汲取知识。

管理者们也曾预言，未来社会只有两种人：一种是忙得要死的人，另外一种是找不到工作的人。如果不学习，你就会被工作排斥在门外，也就没有了生存的资本。不断地学习，才能被社会所接受、所容纳。学习应该是自己一生坚持的事情。

某公司的总经理有一次召开经理会时说了这样一番话：

"如果现在公司命令你担任技术部长、厂长或分公司的经理，你们会怎样回答？你会以'尽力回报公司对我的重用。作为一个厂长，我会生产优良产品，并好好训练员工'回答我，还是以'我能胜任厂长的职务，请放心地指派我吧'来马上回答呢？

"一直在公司工作，任职十年以上，有了十年以上的工作经验的你们，平时不断地锻炼自己、不断地进修了吗？一旦被派往主管职位的时候，有跟外国任何公司一决高下、把工作做好的胆量吗？如果谁有把握，那么请举手。"

发现没有人举手后，他继续说："各位可能是由于谦虚，所以没有举手。到目前，很多深受公司、同行和社会称赞的前辈，都是因为在委以重任时，表现优异。正是由于他们的领导，公司才有现在的发展，他们都是从年轻的时候起，就在自己的工作岗位上不断地进修、不断地磨炼自己，认真学习工作要领。当他们被委以重任时，能够充分发挥自己的力量，带来出色的成果。"

没有足够的知识储备，一个人难以在工作和事业中取得突破性进展，难以向更高地位发展。你的发展速度和成就不是由别人决定的，而是你由自己决定的。正如上述总经理说的，谁都想得到重用，你有没有这个自信被提拔到某个更高位置上呢？自信来源于知识，知识来源于学习。你必须通过不断地进修、不断地磨炼自己，提高自己的职业技能和工作能力，这样你才有足够的资格去获取这份高要求的工作。

美国ABC晚间新闻有一个非常受欢迎的年轻主播彼得·詹宁斯，对于大学都没毕业的他来说，主播这个工作已经非常不错了。但是令人不可思议的是，做这个工作三年之后他竟然把这个人人羡慕的主播职位辞了，跑去当记者。当时很多人都难以理解，只有他自己很坚信他的选择，他深知虽然他现在是一个当红主播，但是如果满足于现在职位上的知识他迟早要落后，从新闻第一线开始干起，可以磨炼自己。彼得·詹宁斯果然没有令自己失望，在做记者期间，他在美国国内报道了许多不同路线的新闻，并且成为美国电视网第一个常驻中东的特派员。后来他搬到伦敦，成为欧洲地区的特派员。经过这些历练后，他又重新回到ABC主播台的位置。此时，他已由一个初出茅庐的年轻小伙子成长为一名成熟稳健又广受欢迎的主持人了。

有这样一句格言："只因准备不足，所以导致失败。"我们的刀没有磨光，上战场怎能成功杀敌！那些失败者大多数都是懒惰者，大量的时间不好好利用起来，不去研究行业门道，或者汲取新鲜的有价值的知识，最终导致自己不能胜任工作。即使只是公司的小职员，尽管薪水微薄，如果能利用晚上和周末的时间到补习学校去听课，或者买书自学，相信他们也一定能得到更好的发展，因为这些知识储备能够扩大他们的发展潜力。从长远看，积累知识远远比积累金钱重要。

曾经有一个拳王，打败了很多对手，到了参加锦标赛的那一次，他信心十足，对自己夺冠毫不怀疑。然而，没有料到的是他遇到的这个对手相当难以招架，他竟然找不到对方的破绽之处，而对方的攻击却能直中他的要害，当然结果肯定是失败。沮丧的拳王向教练讲了这一切，教练笑了笑没有说话，就在地上画了一条直线，对拳王说："你能不能想办法让这条线变短呢？前提是不擦除这条线。"拳王百思不得其解，再次请教教练。教练仍然笑而不语，在原来那条线旁边又画了一条更长的线。拳王恍然大悟，对方如果很强，想赢的话，只有让自己变得更强。

这个社会就是弱肉强食，为了不被打败、不被超越，唯一的途径就是让自己更强。不仅加强自己的职业技能，在业余时间还要力所能及地参加职业培训，以及其他技能的培训。社会在不断地发展变化，学习如逆水行舟，不进则退，原地踏步，就只能被淘汰。用知识武装自己，你才能百战百胜。

06

心有多大，舞台就有多大

　　大千世界，芸芸众生，有贫穷的，也有富有的。当你在大街上看着别人开着奥迪、宝马从你面前疾驰而过的时候，你有没有想过你总有一天也会拥有呢？可是很多人连想都不敢想。《圣经》上说："要求，就会给予；寻找，就会发现；敲门，就会打开。"只要有梦想，才会为之努力，才能得到你梦想的一切。心有多大，舞台就有多大。

　　我们要认识到，梦想是我们充分施展自己才能、发挥自我强烈的驱动力和追求成功的最大动力。把梦想融入到工作、事业、生活当中，由"想要"变成"去要"，把梦想转化成行动，就会成功。汽车最核心、最重要的部位只有一个，那就是发动机。人生最核心、最重要的成功因素只有一个，那就是梦想！

　　有一个年轻人，大学毕业后走进了社会，为了追求自己的梦想只身一人跑到了繁华的大都市上海去打拼。然而几年下来，他曾经的棱角已被这个社会磨平，一点点的斗志也被击碎得所剩无几。激情没有了，目标也没有了，每天就是机械地工作、闲聊、发呆、看无聊的电视或沉迷于游戏，对自己不懂的东西已经没有任何好奇心了，甚至连十分钟都静不下心来读一本书。看着身边的人一个个精神百倍地工作，看到曾经一同毕业的同学或多或少有了一点成就，很多人甚至走向了成功。以前对成功是多么的羡慕，而现在竟然没有了感觉，连一个崇拜的偶像都没有了。

这样的年轻人，现在社会中并不少。他们已经失去了成功的动力，也就是丢掉了梦想。没有成功的欲望，怎么会走向成功呢！有一个梦想，才会有一个滚烫的欲望，才会为你的生活创造一个产生动力的落差，要时刻提醒自己去奋斗，激励自己去奋斗；时刻让你充满活力，让自己能够激情地工作和生活；时刻给自己憧憬和力量，让自己倍感使命的召唤；时刻为自己点燃希望的烛火，让自己在黑夜中不会迷失方向。

如果你仅仅是一个小职员，不要怕，只要拥有强烈的成功欲望，不断地努力，你终将得到你想要的一切。人生只有不断地给自己画梦想图，才能获得前进的动力。我们要成为什么样的人，有怎样的成就，就在于我们先做了怎样的梦。欲望，比方法更重要。如果你仅仅想要一辆摩托车，你得到的就是摩托车。但是如果你想要一辆奥迪车，想跟所有富人一样在大街上疾驰而过，那么就有可能得到。

在法国曾经有这样一个富翁，从推销装饰肖像画而起家，不到半年时间就从一个一名不文的穷小子跻身于法国50大富翁之列，后来因患前列腺癌而去世。他去世后，留给世人这样一份遗嘱，遗嘱中他问了一个非常有趣又简单的问题："穷人最缺少什么？"并且说，如果谁能猜中这个答案，谁就能得到他私人保险箱内的100万法郎，作为这个人的创业基金。遗嘱公布之后，有将近五万个人寄来了自己的答案，有人说是金钱，有人说是机会，有人说是技能，还有人说是帮助和关爱，甚至还有人说是权利和高职位，等等，五花八门。只有一份答案接近了富翁的答案，是一个9岁的小女孩，说穷人缺少的是野心。不错，穷人缺少的就是野心，就是梦想，在这位富翁去世一周年纪念日这天公布的答案就是这个。很多人很好奇这个9岁的小女孩怎么知道这个答案，小女孩说："每次，我姐姐把她11岁的男朋友带回家总会警告我说不要有野心，我想，也许野心就是可以让人得到自己想要得到的东西吧。"

一个9岁的小女孩都知道，拥有野心就可以得到自己想要的东西。穷人之所以穷，最重要的就是没有一个想要富裕起来的梦想。没有梦想，没有激情，哪里来的成功呢！成功者敢于想，失败者不敢。任何一份事业，甚至工作中一个较高的职位，想要走向成功，起点一定是"我想要"。无数的人在自己的岗位上碌碌无为，一辈子平庸、落魄，就是没有"我想要"这个起点，这个起点不存在，其他一切都不存在。

但是，梦想不是空想，不是躺在床上天天做着发财梦。梦想是一种对某种成功状态的渴望和期待。莱特兄弟成功发明飞机，就是他们想人类能像鸟儿一样在天空中展翅翱翔。雅虎公司的总裁杨致远曾经这样说过："我从小就是一个让妈妈头疼的孩子，喜欢问这问那，那时，妈妈只要求我不要做坏事，不要捣蛋，并不期望我有伟大的成就，但是我却有了最初的梦想——成功，用此证明给妈妈看！"就是这个简单的梦想，才一步步造就了杨致远后来的成功。

从前，有一个农夫，家里过得很穷，他每天都梦想着发财，却很懒，不愿意下地干活，也没有做小生意的想法。有一天他很意外地捡到了一个鸡蛋，他晚上躺在床上很兴奋地对自己的妻子说："我捡到一个鸡蛋，明天拿给邻居家的母鸡去孵化，到时我们就有了一只小鸡，我们用一点谷子把它养大，让它去下蛋，蛋再去孵化，就这样，鸡生蛋，蛋孵化成鸡，那样我们就有很多的鸡了，多好啊！然后我们把鸡卖掉，买一头牛，牛又生小牛，生很多牛之后我们把牛卖掉，就会有好多的钱，我们就变成了富人。之后，我们就买山买地，再买一个……"妻子警觉地问："再买什么？"农夫陶醉地说："有了那么多钱，肯定买个年轻女人做小老婆了！"妻子大怒，把鸡蛋摔到地上："我叫你去发财！"鸡蛋在地上开了花，农夫的梦也破灭了！

一个鸡蛋引起的美梦，也仅仅是梦而已，如果没有对梦想的渴求和期待，梦也只是空想而已。故事中的农夫，确实有发财的梦想，但是他并没有一步一步努力去实现自己的梦想，只能做些白日梦而已。

没有比人更高的山，没有比脚更长的路。经常问自己："我还有什么心愿？还有什么梦想？我最希望得到什么？我最想要的是什么？现在的状态是我所追求的吗？人生的意义又是什么？我该怎么才能得到我想要的？"记住，你也可以拥有一辆奥迪车的，只要你有这样一个梦想，并为之付出努力，你一定可以得到！

第二章

寻找适合
你的鞋子

没有最好的职业，只有最适合你的职业。商场里鞋子那么多，摆在橱窗上让人眼花缭乱，只有最适合我们脚的那双鞋子，才是最好的鞋子。你已经明确了自己是怎样的人，用各种养分充实了自己，那么下一步就是去挑选适合你脚的那双鞋子。只有找到那双鞋子，才能喜欢那双鞋子，才能勤勤恳恳、踏踏实实、兢兢业业地为你的工作去努力，才能为你事业的成功而奋斗！

01

目标就是你的方向

如果你想要享受美好的沙滩阳光，那么就去海滨国家；如果你想看到最美的日出，那么就去泰山；如果你想尝试惊险刺激的攀岩，那么就去喜马拉雅山等攀岩圣地；如果你想去体验滑雪的惊险和乐趣，那么最好去阿尔卑斯山；如果你想有一段甜蜜的邂逅，那么就去浪漫的巴黎或者迷人的罗马。因为有了这些梦想，才有了相应的目标。目标，就是实现梦想的方向。

一个有理想、有追求、有上进心的人，一定都有一个明确的奋斗目标，他们懂得自己活着是为了什么。他们所做的所有努力，从整体上来说都能围绕一个比较长远的目标进行。因为这个目标，他们有了一个方向、一个标准，他们知道自己怎样做是正确的、有用的。像一个无头苍蝇一样没有目标的人，鲜花和荣誉是不会降临到他们头上的。

有了一个明确的目标，你才能切合实际为目标去奋斗。

曾经有一位记者采访美国前财务顾问协会的总裁刘易斯·沃克时，问了一个关于成功的话题："到底是什么因素使人无法成功？"

沃克毫不迟疑地回答："模糊不清的目标。我刚刚问你的目标是什么，你说希望有一天可以拥有一栋山上的小屋，'有一天'这个时间概念很不明确，到底是哪一天呢？这就是一个模糊不清的目标，因此，它实现的可能性就非常小。如果你真的很明确地想要一栋山上的小屋，首先你必须找出那座山，找出你想要的小屋现值，然后考虑通货膨胀，算出5年后这栋房子值多少钱；接着你必须决定，为了达到这个目标每个月要存多少钱。如果你真的这么做，你可能在不久的将来就会拥有一栋山上的小屋，但如果你只是说说，梦想就可能不会兑现。梦想是愉快的，但没有配合实际行动计划的模糊梦想，则只是妄想而已。"

当你刚刚开始工作，不要给别人说"有一天我一定做主管"。如果你真的想要做主管或者高级管理人员，那么就明确这个目标，什么时候可以坐到那个位子，要做怎样的努力才可以实现。

哈佛大学有一个非常著名的关于目标对人生影响的跟踪调查。调查者挑了一群智力、学历、环境等条件差不多的青年人，对于他们的目标做了详细分析。结果显示，27%的人没有目标，60%的人目标模糊，10%的人有清晰但比较短期的目标，3%的人有清晰且长期的目标。之后的25年里，调查者也一直跟踪调查他们，发现这样一个现象。

那些占3%有清晰且长期目标者，25年来也就有那一个目标，而且一直朝那个方向不懈地努力，25年后他们的命运就发生了变化，他们几乎都成了社会各界的顶尖成功人士，有白手创业者、行业领袖、社会精英。

那些占10%有清晰短期目标者，他们不断地制定短期目标，也不断地实现这些目标，生活状态逐步上升，成为各行各业的不可或缺的专业人士。如医生、律师、工程师、高级主管，等等。

那些占60%的模糊目标者，几乎都生活在社会的中下层面，他们能安稳地生活与工作，但都没有什么特别的成绩。

那些占27%的没有目标者，25年来也不曾确立过什么目标，他们生活过得相当不如意，经常抱怨他人、抱怨社会、抱怨世界，甚至靠社会救济生存。

像那些没有目标的，整天工作也不知道自己到底想得到什么的人，他们的努力只是按部就班机械地生活，随时会面临被工作淘汰、被社会淘汰的危险。这些碌碌无为的人，看到那些成功人士总是怀着羡慕、嫉妒的心情。

看待那些取得成功的人，总认为他们取得成功的原因是有外力相助，于是感叹自己的运气不好。殊不知成功者取得成功的主要原因，就是由于确立了明确的目标。没有了目标，或者目标消失，那你面临的就是失败。

1952年7月4日早晨，美国加利福尼亚海岸笼罩在浓雾中。34岁的弗罗丝·查德威克开始向加利福尼亚海岸游过去，经过15小时55分钟，她最终放弃了这次冲击。当人们拉她上船时，她其实距离海岸仅有半英里。事后弗罗丝说，令她半途而废、前功尽弃的不是疲劳寒冷，而是在浓雾中看不到目标。在此之前，她曾是游过英吉利海峡的第一位女性。

大凡成功人士都有这样一个成功的公式，一开始先有目标，否则不可能一发即中；然后采取行动，因为坐着等是不行的；接着是拥有研判能力，知道反馈的性质；然后不断修正、调整、改变他们的做法，直到有效为止。遵循这个公式，他们沿着这个方向，一步步地走向成功。

当一个人走钢丝时，他并不是非常刻板地僵硬不动。虽然他基本上保持可能直立的姿势，但为了保持运动中的整体平衡，他的身体总是轻轻地摆动和弯曲。但是有一点是不变的，他的脚只朝着一个方向移动，向着眼睛紧盯着的目标——钢丝的另一头前进。

那么你为自己的职业生涯设立目标了吗？事实上，大多数的大学生都没有给自己制定一个明确的目标。他们只是日复一日、年复一年地打发光阴，他们除了通过学校里面的考试，找一份可以维持生存的工作，再也没有别的想法。很多职场中的人也是，对于自己目前的工作，只是当作谋生的一种方式，没有奋斗的目标，每天庸庸碌碌，最终将一事无成。

我们首先必须弄明白这几个问题：

（1）我们到底想要得到什么？

（2）周围的现实是什么样的？

（3）时代往哪里发展？

（4）我们需要做哪些必要的准备？

（5）要走一条什么样的路？

多方位去考虑，然后树立自己的目标。目标对人生有巨大的导向性作用。成功，在一开始仅仅是一种选择，你选择什么样的目标，就会有什么样的人生。因此，不管你现在从事什么职业，处于什么职位，从现在开始为自己树立一些目标，或长期或短期，然后为之奋斗吧，你的人生将非常充实！

02
为自己的职业定位

　　曾经有人说过，重要的不是你所站的位置，而是你所朝的方向。抉择比努力更重要。虽然条条大路通罗马，可究竟哪条大路是我们通向未来之路呢？虽然三百六十行，行行出状元，可究竟自己是哪一行的状元呢？只有我们自己才能发现，也只有我们自己才能经营我们自己的状元之路。也就是为自己做职业定向。

　　很多人都有这样的感觉，最艰难的莫过于抉择的那一刻。往往在做一个大决定之前，总是翻来覆去地思考，站在十字路口总是最艰难的时候。一旦做出选择之后，就会感觉浑身轻松很多。职业定位至关重要，直接关系到日后事业的发展状况。

　　一个人选择职业就像恋爱婚姻一样，开始的时候可能会为对方或英俊潇洒或美丽袅娜的外表所迷惑，一见钟情，并很快沉醉于热恋，乃至匆匆结婚。爱情是浪漫的，婚姻却是现实的。进入现实的婚姻以后，如果对方不是出自自己内心的真正选择，那这种婚姻就很难长久地维持下去。因此，一个人选择职业时最重要的是能否正确地分析自己，找到自己最适合做的行业，然后努力成为本行业里的佼佼者。

　　有一个人买了一条狗，之后把这条狗送到一个训狗师朋友那里去。结果还没训练，朋友就把狗送了回来。这个人很不解，就问朋友这是为何。朋友回答说，他不知道要把这条狗训练成什么样子。这时他恍然大悟，笑着说他希望把狗训练得白天可以陪孩子玩耍，晚上可以看家的类型就行了。一个月过去了，等这条狗从训狗师那里回来之后果然具有了这些能力。

有了定向，你就知道到底该怎么做，那么成功的可能性就会很大。我们必须首先想清楚自己最想要的是什么，最喜欢做什么工作，喜欢过什么样的生活。对于职业来说，三百六十行，到底哪种职业是你喜欢的，是适合你的，或者能够通过这个职业达成你所想要的生活目标。比如前几年计算机行业非常吃香，就业面广，待遇也不错，而且是一个新兴行业，冲着这些优势，很多人都一窝蜂去学计算机。还比如厨师行业是不会过时的一个行业，而且开始跻身于十大热门行业之一，很多人就争着去学厨师。这样一来，其他行业人才紧缺，这些行业却人才济济，供过于求，出现大量待业人员。因此，职业定位要考虑很多因素。

首先，也是最重要的因素，就是性格因素。

前面我们说过，最好的职业是最适合你的职业，是否适合就要看性格。找工作就如买衣服一样，模特身上的衣服非常漂亮，但穿在自己身上可能就不对味了。别人穿的一件很漂亮的衣服，同样，放在自己身上也不一定好看。你所追求的职业或许在某个方面非常诱人，但是它到底适合你吗？找工作不能因为高薪，或者地处大城市，等等，由这些因素找到的工作或许不会适合自己，说不定将来有一天你发现自己厌恶这个工作。

有一天，有个人去买肉，走到卖肉摊前，他对卖肉的屠夫说："给我割一斤好肉。"屠夫一听，放下刀就问他："哪一块不是好肉呢？关键是你想怎样吃法。你想吃排骨，需要的是骨头上的瘦肉；你想炼油，需要的是肥肉。"

他恍然大悟。确实是这样子的，迎合你需要的那块肉肯定就是好肉。如果你想吃排骨，给你一块肥肉那肯定就不是好肉了。关键看是否符合你的需要。

　　著名的圣诞节歌曲《铃儿响叮当》我们都听过，很多次被简单而又欢快的旋律所打动。这首歌的作者就是詹姆斯·皮尔彭特。皮尔彭特经过努力从著名的耶鲁大学毕业，毕业后他觉得教师这个职业充满了希望，前途肯定光明，于是就去做了一名教师。然而，时间不长，皮尔彭特发现他并不适合做教师，对学生的教导虽然充满了爱心，但是不够严厉，导致很多调皮的学生根本就不买他的账，在课上课外都让皮尔彭特头疼。路选的不对，还是早点退出的好。皮尔彭特很快就辞职了，转而做了一名律师，准备为维护法律的公正而努力。但他的性格似乎一点都不适合这一职业。他认为当事人是坏人就会推掉找上门来的生意；他认为当事人是好人又会不计报酬地为之奔忙。这样爱憎分明的性格在律师界是难以容忍的，照这样下去，他是无法在这个行业有所发展的。没办法，他又选择辞职。这次他做了一位纺织品推销商。作为销售行业来说，都是弱肉强食的，竞争非常残酷。但是皮尔彭特哪里看得到这些，每次跟对方谈判时，他总是被对手的一些话语表象所蒙蔽，结果肯定对方获利，自己吃亏。做销售总是亏本是不行的，他又被迫无奈改行当了牧师。但是牧师对他来说也不是好做的，后来他又因为支持禁酒和反对奴隶制而得罪了教区信徒，被迫辞职。皮尔彭特在他81岁的时候离开了人世。做了这么多职业，他终究没有做成一样，关键就是他的性格与这些职业不符合。然而，就在他生前一个圣诞节前夜，他为邻居家的孩子写了一首儿歌《铃儿响叮当》："冲破大风雪，我们坐在雪橇上，奔驰过田野，我们欢笑又歌唱，马儿铃声响，令人精神多欢畅……"非常富有童趣，富有激情。这首儿歌流传至今，在全世界都很有名。我们设想一下，如果皮尔彭特当初选择当一个作家，估计现在人们所知道的皮尔彭特可能著作等身，留给世人很多的文学作品。因为通过这首儿歌，我们可以看出来皮尔彭特有着开朗乐观的性格、博大无私的胸怀、纯洁明净的内心，这样的性格怎么适合做律师或者推销商呢！

一个人特别的聪明才智就藏在你自己的性格里，而真正适合你的职业应当能够表现你的个性与天赋。如果你找到了适合自己的位置，工作本身就会充分而全面地调动你的才能。

其次，这个职业是否有益于你的发展，能够使你不断进步，能让你学到相当多的技能，而且能实现你的人生目标。

你的人生目标要跟职业相吻合。比如你的目标是工程师、管理者或者老板，甚至也可以是一个具体的财富目标。有了这样一个目标，你选择职业才会有的放矢，而不是误打误撞、碰到哪儿算哪儿。

现在很多年轻人在选择职业的时候就十分迷茫。理想和现实的冲撞，让他们无法正确思考自己到底做哪种职业才能得到自己想要的。古话说："男怕入错行，女怕嫁错郎。"在决定你一生的事业时，一定要想清楚了再去做。择业前，时刻都要问自己：你所从事的工作，是不是你所要的？它能不能使你达到自己的目标？这样理性思考，才能让自己少走弯路，更快地迈向卓越。

在一个蔬菜市场有一个搬运工，快40岁了，当他给别人讲他是大学文凭时，很多人都不相信。但是最后看了他的大学毕业证，这才相信，不过大家都对他做搬运工感到好奇。他说，他大学毕业后就去当兵，当兵退伍后一时间找不到工作，又不好意思在家里白吃白喝，便经人介绍到蔬菜公司当临时工，赚点零用钱。在做临时工期间，他并没有花费心思去找别的工作，就这样开始习惯搬运工的生活，竟然干了几年。毕竟社会上工作也不是那么容易找的，慢慢的，他感觉这份工作比较适合自己，就长期干了下去。就这样一直干到了快40岁，身边人鼓动他去换一个符合大学生身份的工作，他就说："换工作，谁会要我呢？我有什么专长可以让人用我？"于是他只好继续在蔬菜公司当搬运工人。

就是因为职业选错了，就导致一辈子碌碌无为。

当然，除了性格因素和目标因素之外，选择职业还要考虑很多方面，一定要综合自身各种情况，结合别人的建议，选择一个最适合你的、发展前途相对比较好的职业！这样你才能长久热爱你的职业，在工作中你才能信心百倍，才能一步步走到你的人生目标点！

03

盯住一个目标

没有哪一个人不想成大事，但最终心想事成者却只是少数人。这是为什么呢？因为多数人不能坚定目标、持之以恒。在这个世界上，值得追求的东西很多，如果什么都想要，就什么也得不到。只能选定一个目标，盯紧它，全力追赶它，不受其他目标的诱惑，才可能达成心愿。

美国19世纪的哲学家、诗人爱默生说："一心向着自己目标前进的人，整个世界都会给他让路！"有坚定目标的人，在实现目标的过程中总能排除万难。目标不能太多，以免分散了精力。追求这个目标的时候不要东张西望，不要去关注身边的诱惑，导致自己离目标越来越远。

父子三人去沙漠打骆驼。行进的路上，父亲问两个儿子："你们看到了什么？"大儿子说："父亲啊，我看到了污泥的沙漠和黑洞洞的猎枪。"父亲摇摇头。小儿子说："我看到了大大小小的骆驼！"父亲赞许地点点头。

你想要的是什么，眼中就盯着那个目标。比如，狮子追赶猎物的时候，只会盯着前面的目标穷追不舍，即使身边出现其他猎物，距离前面的猎物更近，它也不会改换目标。因为狮子追赶猎物，不仅是速度的较量，也是体能的较量。只要盯紧前面的目标，当猎物跑累了，十有八九会成为狮子的美餐。如果狮子改换目标，新猎物体能充沛，跑得会更快、更持久，捕捉到的可能性更小。如果狮子不断更换目标，就算累死了也不会有收获。

干事业也是如此，人的精力有限，能办成的事毕竟很少。如果精力分散，到头来只会两手空空。必须对一个目标穷追不舍，才可望有所收获。如果你已经确定做一名人民教师，服务于教育业，那么你所有的努力最好围绕着这个目标。不要半途中发现经商赚钱，又去做生意了。

洪恩教育的总裁池宇峰，他和很多平凡人一样，小的时候并没有一个明确的目标，他只是很空泛地想，一定要做一个对社会有用的人，好好地回报养育自己的人们。随着年龄的增大，他不断地接受正统的知识教育，从小学、中学和大学，池宇峰学识越来越广，见识越来越成熟，小时候思考的问题在池宇峰的头脑里变得越来越明晰，而且进一步具体化了，成了他的伟大目标：对整个社会来说，经济是发展的核心，整个人类的进程都是和经济息息相关的，要发展经济就应该走实业报国的道路。既然中国至今还没有一家能够跻身世界五百强的企业，那么就让我来打造第一个世界级的民族企业！

想到就做到，这才是从小确立在自己心里的目标。于是，他开始为此目标而奋斗。首先他明白自己缺乏经商经历，于是就亲自去尝试，他卖报纸、卖贺年卡、倒腾火车票、炒股票、到中关村站柜台、开办化工厂……虽然失败很多次，但是有了目标的指引，最终池宇峰获得了成功。

通过对这些目标的逐步跨越，几年下来，池宇峰与他的洪恩软件不仅掌握了中国50%以上的多媒体软件市场份额，也迎来了众多的奖项和荣誉。而这些给池宇峰和他的团队带来了更大的动力。其结果就是池宇峰在他描摹的新世纪蓝图中，又有一个更大的目标诞生了：洪恩将成为除大学和出版社之外中国最好的教育企业、一个国际性的数字化教育企业集团。在这个数字化教育王国中，池宇峰要做的就是让每一个从1岁到80岁的中国人都能接受语言、电脑、素质、管理等各种角度的软件，以及VCD、图书、磁带、手持设备、网络等各种媒介的洪恩教育。

没有谁能真正看清希望企及的目标，就像马拉松比赛一样，即便是起跑以后，他所见的也只是前面不远的道路。他不是靠高挂在天空的星星引路，而是靠手上的火炬照亮脚下的路，这样可以使他信心百倍，毫不畏惧，一直跑下去。尽管远方的路笼罩在暮霭之中，但永不熄灭的火炬会让他看清眼前的路。池宇峰同样是一个很普通的人，爱聊天，爱冒险，有强烈的好奇心；他的成功之路也和我们身边的人一样，在坎坎坷坷中走向成功。只不过池宇峰有一个很伟大的目标，而且对自己的目标始终执着。这就是他成功的秘诀。

前面我们说了目标就是方向，那么这个方向要唯一，不能四通八达。那么在人生路上如何防止偏离目标？首先，在思路上要分清轻与重、缓与急，如果随意地胡乱瞎抓一气，结果只能是"事倍功半"，甚至是"劳而无功"。其次，在决策上要抓住目标的根本去实施和完成，不能不分主次，甚至把力气都使用到次要方面，造成了一事无成的局面。

公元前300多年，雅典有个叫台摩斯顿的人，年轻时立志做一个演说家。于是，四处拜师，学习演说术。为了练好演说，他建造了一间地下室，每天在那里练嗓音；为了迫使自己不能外出郊游，一心训练，他把头发剪一半留一半；为了克服口吃、发音困难的缺陷，他口中衔着石子朗诵长诗；为了矫正身体某些不适当的动作，他坐在利剑下；为了修正自己的面部表情，他对着镜子演讲。经过苦练，他终于成为当时最伟大的演说家。

把所有的力气用在你的目标上，才能走到成功的那一天。无论从事任何行业，要想获得令人瞩目的成功，都需要具备很强的目标专注力。这就是说，要把心力尽可能用到与目标相关的事情上，而放弃其余。世上无所谓高尚的职业，也无所谓低贱的职业。无论任何事，只要一心一意把它做到极致，就能成就杰出。

04
梦想从脚边找

九层之台，起于累土。不积小流，无以成江海。我们无论做什么事情，都是由点点滴滴的经验、点点滴滴的努力，汇集而成。真正懂得成功内涵的人，都是脚踏实地的人，都不会放弃这种积累的过程。梦想不是放任你的思维天马行空，而是结合自身能力、家庭，以及社会就业情况来考虑的。

梦想是浪漫主义的，而成功则是现实主义的。我们需要梦想的指引，但具体的行动方案应该是——我目前拥有什么，我从哪里做起才能让自己的生活发生一些正面的变化。切合实际地去制订梦想和计划。

有这样一个笑话。有两个好朋友在很多年之后相遇了，其中一个人就问他的朋友："你现在一个月能赚到多少钱？"朋友就说："一个月一两万吧。"他非常吃惊，他这个朋友以前能力平平："那样年薪就十几二十万呢！""是啊！""那你做什么工作呢？"他的朋友回答说："做梦！"

世界上没有不劳而获的事情。你所能达到的成就不是单单由你的梦想决定，而是你是否有那个能力。梦想要从脚边去找，一步一步踏踏实实去奋斗，才有可能实现。

在广东惠州有这样一个人，被称为"裤王"。他所创立的"旭日集团"拥有年产2000万条裤子的生产线，有16000名雇员。他就是杨钊，1947年出生于广东惠州。小时候家境非常差，有十个兄弟姐妹，别说是读大学了，学一门技术家里都负担不起的。这样艰难的生活条件，他立志要为自己找一条生路，于是他就离开了家乡，孤身到香港寻找发展的机会。工作也不是那么好找的，他一没学历，二没技术。他四处寻觅工作的机会，踏破铁鞋无觅处，一个月之后他终于在一位老乡的介绍下，找到了一份制衣厂当杂工的工作。

杨钊明白，自己现在只是一个打工仔，也唯有通过打工才能奠定创业的根基。但是为了创业，肯定不能在打工的职位上浑浑噩噩度过，他制定了学习目标，在工余时间向老员工请教，提高自己的专业技能。另外，又看各种创业成功学书籍，激励自己建立创业的梦想和目标。

功夫不负有心人。经过近五年的制衣厂打工生涯，杨钊不仅掌握了制衣的技术，懂得了工厂的管理之道，并摸清了服装的销售渠道。1971年，他开始自己创业了，挂起"旭日制衣厂"的牌子，由小本买卖入手，逐步把生意做大。二十年之后，杨钊的勤奋拼搏有了回报，"旭日制衣厂"已变为"旭日集团"，现在正"如日中天"，它的业务包括了制衣、销售贸易、地产投资及物业管理等。

俗话说，不飞则已，一飞冲天；不鸣则已，一鸣惊人。愿望是美好的，梦想也是美好的，有一飞冲天的抱负是好事，但是老是抱着一飞冲天的想法是不行的。有这种想法的人，一般是那些自命清高的人，他们不屑从底层做起，永远都无法完成自己的原始积累。要知道我们还年轻，制定了梦想和目标之后，一定要铆足了劲，一步一步做下去。要从目前的学业和工作出发，完成原始积累。跟上述例子中的杨钊一样，如果他刚开始打工就说要开厂，就是一个不切合实际的梦想。相反，那些自命清高的人，他们感觉依靠自己的能力，只要有机会就会一飞冲天，做出惊人的成绩。于是就在他们等机会的过程中，忽然有一天，他看见比自己起步晚的、比自己天资差的，都已经有了可观的收获，他才惊觉在自己这片园地上还是一无所有。这时他才明白，不是上天没有给他理想或志愿，而是他一心只等待丰收，可是忘了播种。

有时某些人看似一夜成名，但是如果你仔细看看他们过去的历史，就知道他们的成功并不是偶然得来的，他们早已投入无数心血，打好坚固的基础了。那些暴起暴落的人物，声名来得快，去得也快。他们的成功往往只是昙花一现而已，他们并没有深厚的根基与雄厚的实力。别看那些明星们，就因为登台唱一首歌，或者演了某个电视剧，就一举成名。但其实，他们的成名也是经历过重重努力的，台上一分钟，台下十年功。像李宇春她们这样的女孩子在超级女生的舞台上一炮走红，她们的成功也不是偶然的。而是她们原本就一直为舞台这个梦想做着不懈的努力，一旦等到这个机会也就是她们成名的那一天。

有一次，美国汽车工业巨头福特遇到了一位年轻人，他非常欣赏这位年轻人的才干，就想帮助这个年轻人实现自己的梦想。于是他问年轻人你的梦想是什么，年轻人说："我一生最大的愿望就是赚到10000亿美元。"福特真的被吓了一跳，10000亿美元，等于超过福特现有财产的100倍。

福特定了定神，又问："你要那么多钱做什么？"

年轻人迟疑了一会儿，说："老实讲，我也不知道，但我觉着只有那样才算是成功。"福特说："一个人果真拥有那么多钱，将会威胁整个世界，我看你还是先别考虑这件事吧。"五年后的一天，年轻人告诉福特，他想创办一所大学，他已经有了10万美元，还缺少10万美元。福特这时开始帮助他，他们再没有提过那10000亿美元的事。

经过八年的努力，年轻人成功了，他就是著名的伊利诺伊大学的创始人——本·伊利诺伊。

在福特的眼中，年轻人口中的10000亿美元，并不是一个梦想了，而成了一个妄想。还好，这个年轻人有了福特的指引，还有他之后的努力，虽然没有赚到10000亿美元，但是他也成功了。对于我们来说，对于梦想的勾勒应该是这样的：我目前拥有什么，我从哪里做起才能让自己的生活发生一些正面的变化。

曾经有一个人叫皮特，他非常痴迷于写作，从小他的梦想就是成为一名作家。结婚后，他的妻子很欣赏他的才华，非常支持他去专心写作，对他倾注了极大的信心。他们也只是一般的工薪阶层，妻子在一个公司做秘书，光靠她一个人的工资无法维持生计，妻子白天上班，晚上就在家做裁缝来维持日常生活，而皮特夜以继日地创作他的第一本诗集。经过辛苦的努力，皮特终于完成了自己的诗集，那一刻他感到非常自豪。然而，他的诗集并没有被接受，经过12次的退稿后，他慢慢灰心，后来又投了12次，依然一次次被拒绝。他由灰心失望转到平静，他坐下来重新审视自己的人生，审视自己的人生梦想。皮特开始想到妻子想要住在一栋红砖屋的梦想。以当时的财务状况而言，他们似乎永远达不到这个梦想。还好，后来皮特在一个广告公司内担任一个职位，他们竭尽所能节省每一分钱，不久便建筑了他们的家园。

皮特的选择并不是放弃梦想，而是暂时保留梦想，毕竟在那种家庭情况下，最重要的是暂时的生存。当梦想和现实存在着巨大的距离的时候，你应当保留梦想，服从于现实。

梦想对于我们来说，或许远在雾气笼罩的山头，但是我们追求它，就从身边触手可及的小事开始，一步一步的攀登。你朝目标迈进的每一步都会增加你的快乐、热忱与自信。每天都去努力地工作，去热爱你的工作，相信一个个小目标的实现，终究会达到你的梦想。

05
性格让你的位置更明确

　　很多人，很多失败的人，都有一个共同现象，一直都那么努力，那么勤奋，为什么到头来还是一事无成呢？经过调查发现，世界上几乎有近一半的人正在从事着与自己性格格格不入的工作。思维决定习惯，习惯决定性格，性格决定行为，所以性格与职业有着非常密切的关联，只有当性格与职业相匹配，并有能力相支撑时，才能实现自身价值最大化。做与自己性格不合的工作，就很难使自己热爱这份工作，能力也得不到充分的发挥。

　　首先你要明白，每一种性格都能成功，只要把它放在最合适的位子上。

　　有人养了一头驴和一只哈巴狗。驴子关在棚子里，虽然不愁温饱，却每天都要到磨坊里拉磨，到树林里去驮木材，工作繁重。而哈巴狗会演许多小把戏，颇讨主人的欢心，每次都能得到好吃的奖励。驴子在工作之余难免有怨言，总抱怨命运对自己太不公平。一天，机会终于来了，驴子挣断缰绳，跑进主人的房间，学哈巴狗那样围着主人跳舞，驴子又蹦又踢，不仅撞翻了桌子，还把碗碟摔得粉碎。驴子觉得这样还不够，它居然趴到主人身上去舔他的脸。这下可把主人给吓坏了，直喊救命。邻居听到喊叫急忙赶到时，驴子正等着奖赏呢！没想到等来的却是杀身之祸。

　　在寓言故事中，无论驴子多么忸怩作态，都不及小狗可爱，甚至还不如从前的自己，毕竟这不是它所能干的行当。盲目模仿别人只会坏事，甚至送命。这值得所有想改变自己性格、想违背自己天性、想做自己不擅长工作的人好好反思一下。

俗话说，江山易改，本性难移。很多性格是遗传因素的影响，根植在我们的大脑思想中。况且就算去改，经历的时间也是十分漫长的。所以，择业的时候最好考虑一下性格因素。使职业来适应性格，还是性格去适应职业呢？比如你的脚只能穿进41码的鞋，而摆在你面前的却是一双37码的鞋，这时的你会怎么办呢？是千方百计让脚变小去适应这双鞋呢？还是干脆放弃面前这双鞋，再去寻觅一双真正适合你自己的鞋？这一比喻用在性格与职业上，则性格是脚，职业是鞋。合脚的鞋子能使你行走起来轻松自如，健步如飞；而不合脚的鞋子再漂亮也会夹脚，更可怕的是，它不仅会使你走起路来别扭难受，甚至还会磨破你的脚。穿着不合脚的鞋子，你就可能会与成功失之交臂，就可能在人生的跑道上与冠军擦肩而过。

卡莱尔说："发现自己天赋所在的人是自信的，他不再需要其他的福佑。他有了自己命定的职业，也就有了一生的归宿；他找到自己的目标，并将执着地追寻这一目标，奋力向前。"

我们知道的大文豪马克·吐温，他曾经热衷于经商，却失败得一塌糊涂。那时候，马克·吐温想通过经商实现自己的人生价值，虽然他勤勤恳恳、兢兢业业，但结果使他一次就赔进了十几万美元。然而，马克·吐温并未因此而收手，他不服输。他还要在经商的道路上走下去。这一次，他总结了上一次的教训，他要做自己最熟悉的领域——出版。结果，他再一次失败了，几乎赔进了自己全部的家底。他的妻子劝他去做适合他性格的文学创作，马克·吐温经过再三犹豫，接受了妻子的建议。就从那刻起，一代文豪就开始慢慢诞生了。

马克·吐温在商业领域上的失败，很显然就是没有遵从他的性格。他的性格适合文艺创作，文坛自然就是他应该站的位子。

在现今的职场中，有人喜欢创新，却要被重复的琐事拖累；而有些人性格内敛，每天却要在大庭广众之下忐忑不安……工作也变成了一种负担。性格并无好坏之分，但性格类型与职业类型的匹配度，却决定了事业的成功与否。马克·吐温经商就失败，做文学创作更发挥他性格的优势，这才成就了他在文学上的成功。

那么性格与职业之间是否存在必然的关系呢？著名职业理论的专家约翰·霍兰德认为每一种职业本身也有它的特质、价值和目标。所以，他把职业也归纳在他所提倡的六角形模式内，这就包括了现实型、保守型、企业型、研究型、艺术型以及社交型。

现实型：有运动机械操作的能力，喜欢机械、工具、植物或动物，偏好户外活动。

保守型：喜欢从事资料工作，有写作或数理分析的能力，能够听从指示，完成琐细的工作。

企业型：喜欢和人群互动，自信，有说服力、领导力，追求政治和经济上的成就。

研究型：喜欢观察、学习、研究、分析、评估和解决问题。

艺术型：有艺术、直觉、创造的能力，喜欢运用想象力和创造力，在自由的环境中工作。

社交型：擅长和人相处，喜欢教导、帮助、启发或训练别人。

根据你的性格因素来决定自己的职业选择。现在很多企业在招聘员工时，都会考虑员工的性格因素。因为只有员工选择一份适合自己的工作，那么他在面试中就会表现出他能够做好这份工作的信心和实际能力，任何企业都会喜欢能够为公司做出贡献的员工。如果性格与职业不相适应，性格就会阻碍工作的顺利进行，使从业者感到被动、缺乏兴趣、倦怠、力不从心、精神紧张。一个对工作感到不满的人，不管他如何努力，都不会有卓越的表现。要么压抑自己，按部就班地工作，挨到退休，但要为此付出惨重的代价，那就是一辈子做自己不喜欢的事情；要么浑浑噩噩，不怎么投入工作，由于工作业绩太差而首批被淘汰出局，然后慨叹惋惜。因此，职业或岗位的选择是否与自身的性格相吻合，直接关系到人生事业的成败。

小妮上大学时性格开朗，是有名的活跃分子，毕业后却进了一家公司做会计。会计的要求是非常严谨的，每天都要与数字打交道，工作还要有条理，且一成不变，约束也很多，又不能出错。这样的工作让小妮感到非常压抑，她是一个很随意的人，希望接触更多的人，与人打交道，能接触更多新的东西。没多久，她就转行去做销售。这次还真转对了，每天工作虽然有点累，但是她感到十分快乐。在销售行业里，她可以充分发挥自己的主动性，与不同层次的人士打交道，还可以欣赏到别人的优点与光彩。她感觉到自己每天都在进步，不再是一粒被动的棋子。

擅长形象思维的人，较适合从事文学艺术方面的职业和工作；擅长逻辑思维的人，则比较适合从事哲学、数学等理论性较强的研究工作；擅长具体思维的人，则比较适合从事机械、修理等方面的工作。一个人所从事的职业与他的个性相适应，工作起来就会得心应手、心情舒畅，容易取得成功。职业和性格有一种契合度，两者契合度的高低就会影响你对工作的满足感。对工作有满足感，自然就投入十二分的身心来做这份工作，也就能达到敬业的程度。

06
发挥你优势的力量

　　乌龟永远没有兔子跑得快，但它的寿命却很长久。长寿是乌龟的优势，长跑是兔子的优势。"优势"，用俗话说，就是你天生能做一件事，不费劲，却比其他一万个人都做得好。也就是天赋，经过后天的挖掘和培养，可以一飞冲天。每个人都有自己的优势，也有自己的劣势，发挥你优势的力量，会让你出类拔萃。

　　如果你已经对自己很了解了，你性格开朗，在语言口头表达方面非常有天赋，那么最好做与此相关的职业，比如导游、销售等。如果性格内向，写作方面有天赋，最好不要做销售类职业。

　　2008年4月初，在上海交大的一个"创新与创业大讲堂"报告会上，百度创始人李彦宏谈起了自己的创业体会：

　　"百度始终没有去做其他事情，不管那些事情多么赚钱。短信曾经非常赚钱，游戏到现在仍然非常赚钱，门户可以做得非常大，我们都没有去做。因为我的理想并不在那些领域，我喜欢的东西是通过我的技术让更多的人更容易地获得信息；作为一个工程师出身的创业者，我希望把自己的技术运用到社会上去，让更多的人从中获得收益。这么多年来，我之所以在大家看来没走什么弯路，很重要的原因就是我只是做自己理想中喜欢的并且擅长的事。

"开始的时候，每个人一定要想想自己最擅长做什么。当前除了少数垄断行业之外，整个商业社会竞争是非常充分、非常激烈的，如果说这件事情别人做起来比你更擅长，那你再喜欢它也没有用，你是做不过人家的。所以，在这种情况下一定要考虑自己最擅长做的事情，你再去做。"

李彦宏告诉我们：做自己喜欢的事，做自己擅长的事。这世界上的路有千万条，但最难找的就是适合自己走的那条路。每一个人都应该努力根据自己的特长来设计自己，量力而行，根据自己的环境、条件、才能、素质、兴趣等确定发展方向。不要埋怨环境与条件，应努力寻找有利条件；不能坐等机会，要自己创造机会；拿出成果来，获得了社会的承认，事情就会好办一些。每个人都应该尽力找到自己的最佳位置，找准属于自己的人生跑道。

人人都有自己特有的天赋与专长，从某种意义上说，每一个人都可以称为天才。但只有少数人发现了自己的天赋，并把它充分发挥了出来，他们获得了成功，成为真正的天才。而大多数人直到垂垂暮年也没有发现自己真正适合做些什么。不难想象，每天有多少天才带着他们尚未演奏的人生乐章进入了坟墓！

篮球飞人乔丹成名前在一家二流职业棒球队打棒球，成绩一般，只好悻悻而归。而后在篮球方面却发挥了他的天才。可见，一个人要成功，必须找准个人能力和职业的最佳结合点。你的优势，也就是你的核心竞争力，与其他人不同的地方，而且在这个方面你做得比其他人要好，并且你可以始终如一地做好它。那件你反复地、愉快地和成功地做的事，就是你的优势。优势，并不是你要样样都精通，样样都成优势，那是不可能的。我们发现，能人巧匠很少样样精通的；相反，他们靠的是一招鲜。

有这样两则寓言故事。

其一：一只小鸡看见一只苍鹰在高高的蓝天上飞过，十分羡慕，于是它向母鸡问道："妈妈，我们也有一对大翅膀，为什么不能像鹰那样高飞呢？""真是个小傻瓜，"母鸡回答说，"飞得高有什么用处，蓝天上没有谷粒，也不会有虫子啊！"

其二：有一只母骆驼和一只小骆驼在沙漠上行走。天气非常炎热，小骆驼心有点不耐烦了。它说："妈妈啊，我们为什么要背两座山峰，走起来多慢啊，你看马，它们奔跑起来多轻松啊！"骆驼妈妈笑了："儿子，我们背着水，再炎热、再干渴我们都不怕。马在沙漠上，这样的气候，赶路会缺水的……"

还有一个故事：

有个人每天扛着两个桶去溪中提水。其中一个桶是有裂痕的。每回走到家，桶里的水只剩下一半。因此他每天只能提回一桶半的水。日复如是，装满水的桶对于自己的成就感到很自豪，而有裂痕的桶对于自己的缺陷却越来越自卑，更对于自己只能够完成一半的使命而感到沮丧。

两年来，这人都只提着一桶半的水回家。

有一天，有裂痕的桶忍不住告诉主人："主人，我感到很羞耻，真对不起，因为我，你得不到你辛苦付出后所应该得到的。"主人回答它："你没有注意到，回家的路上，在你这一边有一排花吗？我一直知道你的不足，所以在这一边撒下了花种，每次我们回来，你都在为我浇花。如果没有独特的你，这两年来，我怎么会有鲜花来把我的家点缀得那么美呢？"

每个人都有缺点，每个人都是有裂痕的桶，可是我们应该把自己的特质发挥出来，化腐朽为传奇。发挥你的优势，你才能得到别人得不到的东西。在这个竞争激烈的社会，不要拿自己的短处跟别人比，那样越比越短，越比越灰心。一个人不可能十全十美，关键在于努力把自己的特长发挥到极致，把不足之处的危害降到最小。如果把精力全部花在提高弱项方面，不仅收效甚微，反而会影响到别的方面，成为一个毫无特色的人，自然也就难有建树。刘翔是短跑冠军，王励勤是乒乓球冠军，乔丹是飞人，巴菲特是股神……这些家喻户晓的名人，就是因为他们在做自己擅长的事。但是现实生活中，大多数人却仅仅是凭着一腔热情，在自己的短处上拼命努力，盲目地与别人一争短长，这样的结果当然可想而知了。

从国内某知名学院毕业后，阿凯被直接分配到某大型国有企业担任一名工程师。若论专业对口，他是再合适不过的了。但是两年过去了，阿凯发现自己越来越与工作格格不入。

原来，阿凯性格外向，喜欢与人交往，四处活动。而作为一名优秀的工程师，更需要一种平和安静的性情和严肃认真的作风。这些都是阿凯所缺少的。

显然，工程师的工作并不适合他的性格，再继续工作下去，也只是使自己在错误的道路上越走越远，根本无法取得丝毫进展。

认识到这一点，阿凯果断地放弃了工程师的工作。朋友们都说他傻，竟然放弃这么一份既安定、收入又高的工作。单位领导也极力挽留，希望他能够站在对自己和企业负责的角度上再适应一段时间。但是，阿凯心里十分的清醒。

后来，阿凯找到一份电视制片的工作。在这里，他终于找到了如鱼得水的感觉。凭借出色的组织协调能力，阿凯仅用了三年时间，就成为一位业界知名的电视制作人，并且拥有了自己的一份事业。

或许你的优势就藏在你所做的某一件细微的工作当中，要正确认识自己，才能知道优势在哪里。要想发现自身的优势，首先要做到对自我价值的肯定，这不但有助于我们在工作中保持一种正面的思考，也会激发我们内在的精神力量。而这份力量必须加以训练和引导，才会使我们在工作中的表现发挥到极致。如何发现自己的优势呢？

（1）选择自己的路。这条路不一定是走的人最少的路，或阻力最少的路。关键是它是适合你的路。

（2）接受教训并不意味着失败。在学习的过程中要保持开放的心态。不论是痛苦、错误还是失败，任何经历都可以学到东西。往往最大的教训正是最重要的。

（3）实践持续的改进。持续的、严肃的自我检讨可以把你的学习和改进变成一个自然的过程，并使发挥自己的优势变成一种本能。

如果一个小孩子从小就有唱歌的天赋，那么作为父母最好送他去学习声乐。有特长当然是好事，但把特长弃之不用，与没有也就没什么区别了。人才放错了地方就是庸才了。每个人都是天才，把自己的位置放对了，我们都能发挥自己天才的优势。

07
选择比能力重要

一个人一生当中最大的幸福在于选择对两件事：一就是找对妻子或丈夫；第二件事是找对职业、找对老板、找对上司。选择一个伴侣幸福一生，选择一个朋友快乐一生，选择一个行业成就一生。选择比能力重要，比努力重要。

现在是讲究绩效的时代，公司、企业、政府需要的是有能力且能与企业方向共同发展的人，而不是一味努力但却南辕北辙的人。自己适合哪些行业、哪些职业，有很多东西是先天决定的，只有充分地发掘自己的潜力，而不是总与自己的弱点对抗，一个人才能出人头地。就像现在很多企业招聘的时候，他们相信通过培训和教育可以让火鸡学会爬树，但还是觉得选个松树方便一些。方向不对，再努力、再辛苦，你也很难成为你想成为的那种人。

前面我们已经说过，根据性格择业，以及从自己的优势角度择业，也都说明，选择比能力更重要。通俗一点地说，如果让一个适合唱歌的人天天去与数字打交道，唱歌方面再有天赋、再有能力，也发挥不出来了。一个人要想成功，首先要对自己的优势与劣势进行充分分析，再结合社会环境等因素，最后选择好自己的定位，才有可能让理想变为现实。当然，选择职业也并不是性格和优势这两个因素能决定的，还要结合职业本身的发展前景等因素。

一个选择相应地就有一个结果。比如坐公交车，很多人总是埋怨从上车到下车都站着，太累了，但是那些跟自己一同上车或后上车的怎么就能等到座位，其实这里面也蕴含了选择的重要性。那些等到座位的人，不是他们个子高或者其他身体上的优势，这有一个小小的技巧。这些人上车后，都会选择到车尾去等座位，因为大多乘客都懒得过去，所以，在相对站着的乘客少的车尾，通常很容易等到就近下车的乘客腾出来的座位。如果你是在拥挤不堪的车中间，即便偶尔有人下车，也可能因为僧多粥少而难以找到座位。在车中间，无论多努力，都很难有好的结果的。

小陈和小王是同一个学校同一个专业毕业，毕业后他们同时进了一个大型家电企业A公司，不久后他们两人都离开了这个家电企业。几年之后，他们再次碰面，两个人之间的差距令小王非常吃惊。这个时候小陈是建材行业的一名顶级培训师，以及多家知名建材企业的咨询顾问，并拥有了自己的管理咨询公司；而小王自己只是某小家电企业的小小推广经理，虽然本职工作也干得很优秀，但因为家电行业的整体不景气，又加上家电行业是人才聚集地，所以他在这个岗位上也是成绩平平。让小王疑惑的是，他的能力并不比小陈差，为什么结果有这么大的不同！这时候小陈才讲了自己这几年的经历。

离开家电企业之后，小陈选择了去建材行业发展。他是这样想的，建材行业本身发展不是很成熟，机会也多，而且这个行业人才竞争也比较少，很容易得到机会。另外，建材行业的产品都处在导入期，所以伴随着行业的发展，未来自己的发展前景肯定不可限量，职业人可以伴随着行业的发展而发展。如果自己选择这个行业，获得发展机会之后充分将自己的能量发挥出来，从而创造更大的价值。所以，小陈应聘到了一家知名的建材企业，从职能经理干到中层营销干部后，一方面自己的专业技能具备了，另一方面这个圈子的人脉也有了，于是开始创业，并迅速获得了成功，从而成为建材行业的一名顶级的培训师和抢手的营销顾问。

而小王呢，离开A公司之后，他的思维仍旧停留在家电行业，后来就去了一家知名小家电企业，他觉得小家电是家电行业的最后一块奶酪。但是毕竟已经是夕阳产业了，小王仍然抱着很大的希望。他加盟了该小家电企业出任市场部推广经理，虽然他推广成绩显著，获得公司与行业的认可，但这些推广工作，相比较起来家电恶劣环境的大背景下，最终换来的结果都显得很苍白。尽管他再努力，但是行业的总体状况不好，他一个人的力量也是回天乏术，给他的回报也好不到哪里去。

经过对比，小王感叹，选择比能力重要啊！

同样的能力，选择了不同的行业，获取的价值与回报是完全不一样的。还要靠我们自己有一个超前的眼光，综合各方面的因素，对目前的状况进行分析，找到一个适合我们的又能实现我们人生价值的位置。

无论是选择哪一个职业，终究还是要我们自己去选择的，随波逐流的结果就可能是被社会淘汰。纵览古往今来的成功者，会发现他们都有一个共同的特点，就是总会对自己的人生方向和事业目标做出主动的选择。人生无时无刻不在选择。面对人生谜局，唯有积极主动才能下出成功好棋。同时你也必须明白，主动选择绝不是在选择项中简单取舍，而是顺应自身优势，理性研判未来，走好人生的关键步。

如今，成功模式越来越多样化，但人们发现除了机遇，真正帮助人走向成功的往往是不断突破自我限制，主动去选择、去寻找对于自己来说前景和钱景都光明的职业。想当年，万科地产的老总王石如果不是主动从国家机关辞职，下海经商，可能不会成就现在的房地产大业；美国薪酬最高的脱口秀主持人奥普拉·温弗瑞如果不是主动创造出一种新型的主持方式，就会在旧有的主持模式中亦步亦趋，被淹没在众多主持人之中。主动选择、主动创造的事业机会，你会更加珍惜，独立为自己的选择买单，并付出比常人多得多的努力去追求成功。

主动选择是一种理念，一种态度。主动选择多，就是强者，人生就属于自己，正所谓"自己的范儿自己框"；相反，如果什么事情都随波逐流，走到哪是哪，是非无计较，荣辱不惊心，即便小有成功，人生也属于别人。

因此，重视我们选择的那一刻，放开眼界，审视自身，发挥自己的主动性，走出我们光明的人生大道。

08

用兴趣指引职业

做自己喜欢做的事，做自己最想做的事，这就是成功的全部秘诀。有句话说：择我所爱，爱我所择。只有做自己喜欢的事情，我们才能发自内心地投入热情，才能不惜代价、不计回报，把它做得出色。

2001年5月，美国内华达州的麦迪逊中学在入学考试时出了这么一个题目：比尔·盖茨的办公桌上有5只带锁的抽屉，分别贴着财富、兴趣、幸福、荣誉、成功5个标签；盖茨总是只带一把钥匙，而把其他的4把锁在抽屉里，请问盖茨带的是哪一把钥匙？其他的4把锁在哪一只或哪几只抽屉里？

参加考试的学生到底给出了多少种答案，我们不得而知。但是，麦迪逊中学的网页上有比尔·盖茨给该校的回函。函件上写着这么一句话：在你最感兴趣的事物上，隐藏着你人生的秘密。兴趣是你最好的导师，做你感兴趣的事、想做的事，你才更有可能成功；做你想成为的人，你才可能享受到人生的美好。当你不知所措的时候，请静下心来听一听你内心的声音，成功之神必在不远处等着你的到来。

所谓兴趣，是指一个人力求认识某种事物或爱好某种活动的心理倾向，这种心理倾向是和一定的情感联系着的。"我喜欢做什么？""我最擅长什么？"一个人如果能根据自己的兴趣去设定事业的目标，他的积极性将会得到充分发挥，即使在工作中尝尽了艰辛，也总是兴致勃勃、心情愉快；即使困难重重也绝不灰心丧气，而能想尽一切办法，百折不挠地去克服它，甚至废寝忘食、如痴如醉。

只有你喜欢的人，你才会费尽心思去讨好她（他），你努力地利用一切可能利用的机会来博得她（他）对你的好感，等她（他）对你投来爱慕的眼神时，你就成功了。同样的道理，只有是你喜欢的事情，你才全心全意去做，终有一天你会做成功。兴趣，有时候就像天赋，天生就喜欢的东西，这就是你的特长、你的优势。

进化论的创立者达尔文，在生物学上取得如此大的成就，但是实际上他小时候是一个行为怪异的孩子。小时候的达尔文一点都不具备聪明孩子的特质，他总是沉默寡言，功课一塌糊涂，除了花草、小虫子能引起他的兴趣之外，其他的事情一点儿也提不起精神来。父亲本来对他寄予很大希望，指望他继承家业，但见此情况对他也大失所望。家里的人，除了母亲，没有一个人会关注他、鼓励他。达尔文的母亲很伟大，她明白自己的儿子只是没找到自己的兴趣，并不是智力有问题。有一天，她把达尔文和他的姐姐叫到花园中去，用布蒙住姐弟俩的眼睛，然后分别把一种漂亮的花放在他们手中："孩子们，现在你们来一次比赛吧，看谁从花瓣上先认出这是什么花？"达尔文不到几秒钟就说出了花的名字，而姐姐过了很久依然认不出来。从那之后，这个明智的母亲就放任他的儿子天天待在花园里，研究那些植物和小动物，甚至连每种蝴蝶翅膀上有几个斑点都不放过。终于有一天，醉心于花草的达尔文成了那个时代最杰出的生物学家，并且发表了著名的"进化论"。

每一个人都有自己的偏爱。在自己感兴趣的领域展开，选择自己喜欢做的事，是我们走向成功的一条捷径。瓦特选择了自己喜欢的机械制作，他发明了蒸汽机，掀起了一场工业革命；爱迪生选择了自己喜欢做的小发明，他一生有1000多项发明，其中仅电灯一项，就给整个人类带来了光明。

对于兴趣和各种职业之间的关系，国内学者做出了如下分类。

喜欢同具体事物打交道——喜欢操作具体事物，默默无闻，埋头苦干。相应的职业诸如制图、地质勘探、建筑设计、机械制造、计算机操作、会计、出纳等。

愿与人接触——喜欢同人交往，结交朋友，对销售、公共关系、采访、信息传递一类活动感兴趣。相应的职业如推销员、公关人员、记者、咨询人员、教师、导游、服务员等。

愿干规律性工作——喜欢常规性的、重复的、有规则的活动，习惯在预先安排好的程序下工作。相应的职业如图书管理员、文秘、统计、打字员、公务员、邮递员、档案管理员等。

喜欢从事帮助人的工作——乐于助人，试图改善他人状况，帮助他人排忧解难。相应的职业如福利工作、慈善事业、医生、律师、保险员、护士、警察等。

愿做领导和组织工作——喜欢掌管一些事情，希望受人尊敬并获得声望，在活动中时常起骨干作用。相应的职业如政治家、企业家、社会活动家、行政管理、学校辅导员等。

喜欢研究人的行为——对人的行为举止和心理状态感兴趣，喜欢谈论人的问题。相应的职业如社会学、心理学、人类学、组织行为学、教育学、政治学等方面的研究和调查分析。

喜欢钻研科学技术——对分析的、推理的、测试的活动感兴趣，长于理论分析，喜欢独立工作并解决问题，也喜欢通过试验做出新发现。相应的职业如气象学、生物学、天文学、物理学、化学、地质学等研究和实验。

喜欢抽象的和创造性工作——对需要想象力和创造力的工作感兴趣，喜欢独立工作，乐于解决抽象问题，具有探索精神。相应的职业如哲学研究、科技发明、经济分析、文学创作、数理研究等。

喜欢操作机械——对运用一定技术、操作各种机械去创造产品或完成任务感兴趣，喜欢使用工具，尤其是大型的马力强的先进机械。相应的职业如飞机、火车、轮船、汽车驾驶、机械装卸、建筑施工、石油、煤炭的开采等。

喜欢具体的工作——希望能很快看到自己的劳动成果，愿从事制作有形产品的工作。相应的职业如室内装饰、时装设计、摄影师、雕刻家、画家、美容美发、烹饪、机械维修、手工制作、证券经纪人等。

喜欢表现和变化的工作——对表演、运动、惊险、刺激的事情感兴趣，喜欢经常变动、无规律的但具挑战性的工作。相应的职业如演员、运动员、作曲家、旅行家、探险家、特技人员、海员、职业军人、警察等。

当然，上述的职业分析只是简单的建议，具体还要根据现实情况而定。有条件的话，你不妨参加一次标准化兴趣测试，以此准确把握你的兴趣所在，寻找一份可以满足你已明确感兴趣的工作，千万不要做自己没兴趣的工作。

比尔·盖茨说过："我之所以能够取得今天的成就，与我从小就喜欢电脑是分不开的。回想起来，我不过是选择了自己喜欢的事、爱做的事。"

杨澜也曾经说：不管是得意的时候还是悲观的时候，都要了解自己最需要什么，对自己想要的东西要明了，抓住自己的兴趣，做自己喜欢做的事。如果我们不想让自己活得枯燥无味，而是让自己的人生更有意义，那么就请做自己喜欢的事情吧。

这个世界无时无刻都在变化当中，安于现状是必然行不通的，各种新鲜事物层出不穷，我们必须敢于冒险，向新鲜事物挑战、向全新领域挑战。敢于冒险，不是要盲目去冒险，而是在理性的前提下，摒弃旧观念、旧做法，跟随时代发展的潮流，勇于创新，要有自我提升的意念，有胆识超越自我。一个人对自己职业的定位，不仅仅以现有的工作能力为参考依据，每个人都有自己的潜能，勇于冒险，才能使自己能力最大化。也只有这样，你才能在竞争激烈的社会潮流中占据一席之地。

09

狼桃没有毒

　　墨守成规的人，终究要被社会所淘汰。人类的不断进步，就是因为那些敢为天下先的勇士们勇敢去尝试新鲜事物从而积累大量的经验留给我们后人。如果当时爱迪生没有对闪电抱有好奇心，不奢想把明亮的光带进黑暗的屋子里，也不会有现在城市里闪烁的霓虹灯。对我们来说，一个从来没有从事过的行业就是一个新鲜的行业，但并不是不适合我们。去尝试一下，或许真的适合我们呢！

　　我们现在所吃的西红柿，美味可口，营养又养颜，在很久之前被称为狼桃。据史料记载，西红柿原生长在南美洲秘鲁，因为是种野生植物，当地人不知道那是什么东西，就有人传说那个东西有毒，吃了就会起疙瘩、长瘤子，所以叫狼桃。16世纪的时候，西红柿被一位英国的公爵带到了英国皇室送给了伊丽莎白女王，只是作为观赏植物，被称为爱情果，人们一样不敢吃。一直到了17世纪，有一位法国画家曾多次描绘西红柿，面对西红柿这样美丽可爱而"有毒"的浆果，实在抵挡不住它的诱惑，于是产生了亲口尝一尝它是什么味道的念头，因此，他冒着生命危险吃了一个，觉得甜甜的、酸酸的、酸中又有甜。然后，他躺到床上等着死神的光临。但一天过去了，他还躺在床上，鼓着眼睛对着天花板发愣。怎么？他吃了一个像毒蘑菇一样鲜红的西红柿居然没死！他咂巴咂巴嘴唇，回想起咀嚼西红柿那味道好极了的感觉，满面春风地把"西红柿无毒可以吃"的消息告诉了朋友们，他们都惊呆了。不久，西红柿无毒的新闻震动了西方，并迅速传遍了世界。

如果没有这位画家敢于尝试狼桃，西红柿的美味要晚多长时间才能被人们享受到。对于很多安于现状的人来说，新鲜事物虽然诱人，但是他们没有那个胆量去做第一人，只有等到别人尝试之后，自己才跟在后面。敢于尝试新鲜事物，是一种好习惯，经过尝试，我们才会拥有更多的经验、机会和挑战。假如，你去尝试一瓶新式的饮料，如果好喝，下次你还会去买；如果不好喝，你就多了一个经验——不要再买它。假如，你敢于尝试新鲜事物，可以选择别人都不敢做的极限运动——蹦极，那你可以战胜自己，去享受别人享受不到的快乐。

作为一个员工，安分守己很重要，但是如果一直在原有的基础上徘徊，是永远没有出头之日的，成功属于那些敢于尝试的员工。如果想要成一番大事业，更要敢于尝试新鲜事物，敢于冒险，勇于创新。

有一个我们儿时就读过的寓言故事：

马棚里住着一匹老马和一匹小马。

有一天，老马对小马说："你已经长大了，能帮妈妈做点事吗？"小马连蹦带跳地说："怎么不能？我很愿意帮您做事。"老马高兴地说："那好啊，你把这半口袋麦子驮到磨坊去吧。"

小马驮起口袋，飞快地往磨坊跑去。跑着跑着，一条小河挡住了去路，河水哗哗地流着。小马为难了，心想：我能不能过去呢？如果妈妈在身边，问问它该怎么办，那多好啊！可是离家很远了。小马向四周望望，看见一头老牛在河边吃草，小马"嗒嗒嗒"跑过去，问道："牛伯伯，请您告诉我，这条河，我能蹚过去吗？"老牛说："水很浅，刚没小腿，能蹚过去。"

小马听了老牛的话，立刻跑到河边，准备过去。突然，从树上跳下一只松鼠，拦住它大叫："小马！别过河，别过河，你会淹死的！"小马吃惊地问："水很深吗？"松鼠认真地说："深得很哩！昨天，我的一个伙伴就是掉在这条河里淹死的！"小马连忙收住脚步，不知道怎么办才好。它叹了口气说："唉！还是回家问问妈妈吧！"

小马甩甩尾巴，跑回家去。妈妈问他："怎么回来啦？"小马难为情地说："一条河挡住了去路，我……我过不去。"妈妈说："那条河不是很浅吗？"小马说："是呀！牛伯伯也这么说。可是松鼠说河水很深，还淹死过它的伙伴呢！"妈妈说："那么河水到底是深还是浅呢？你仔细想过它们的话吗？"小马低下了头，说："没……没想过。"妈妈亲切地对小马说："孩子，光听别人说，自己不动脑筋，不去试试，是不行的，河水是深是浅，你去试一试，就知道了。"

小马跑到河边，刚刚抬起前蹄，松鼠又大叫起来："怎么？你不要命啦！？"小马说："让我试试吧！"它下了河，小心地蹚到了对岸。

原来河水既不像老牛说的那样浅，也不像松鼠说的那样深。

同一条河流，老牛觉得它是没不过膝盖的小溪，松鼠觉得它是深不可测的天险，而小马却觉得它不深不浅刚刚好。对于没有见过的新鲜事物，如果不勇敢去尝试，那你就永远不会知道答案。

其实，人人都是天生的冒险家。科学研究表明，人类从出生到5岁之间，即生命开始的前五年，是冒险最多的阶段，学习的能力远比往后数十年更强、更快。一个不到5岁的小孩子，身边的环境是新的，遇到的人也是新的，但是他们一样样地在大人的引导下，学习如何站立、走路、说话、吃饭等，其实这就是在尝试认识新鲜事物，做新鲜的事情。他们把这些冒险当作理所当然的事情，也正因为如此，小孩子才能茁壮成长。同样的道理，在这个社会上，我们会经常遇到从没有见过的事情，面对我们从来没有做过的事情，如果我们一味地退避，不敢尝试，害怕失败，那跟一个小孩子拒绝成长有什么区别呢？

安于现状，唯一的结果就是永远无法达到自己梦想中的状态，也得不到自己想要的东西。现在社会，行业名目繁多，刚进入社会的年轻人，很多人对自己究竟做什么感到很迷茫，只有勇敢去尝试，去冒险做一些事情，你才能找到适合自己的那双鞋子。如果不多去尝试，你将一直处于迷茫期，直到老都不知道自己究竟能做什么，是一件可悲的事情。

由于缺乏冒险精神，许多想法束之高阁，许多新举措流于空谈，许多好机会难以见效。机遇和冒险是孪生姐妹，机会一直在我们身边徘徊，不具备冒险精神，就算机会在你的面前，那也只能擦肩而过。21世纪是一个充满机遇和挑战的社会，是一个需要人们不断开拓创新的社会，也是一个要想成功必须冒险的社会。只有敢于探索、敢于尝试的人，才能享受真正的激情人生。

10
最大的冒险是"不冒险"

我们既然有成功者的欲望，却不敢冒险，怎么能够实现伟大的目标？成功的人都具有冒险精神，冒险就如一座险滩，渡过了这座险滩就会风平浪静，就是胜利的喜悦。"不入虎穴，焉得虎子"，成功需要必要的冒险精神，仅有才能而无冒险精神是不会成功的。没有冒险精神，没有敢于尝试的心，再好的职位也不会属于你！

海尔总裁张瑞敏先生说："如果有50%的把握就上马，有暴利可图；如果有80%的把握才上马，最多只有平均利润；如果有100%的把握才上马，一上马就亏损。"这个社会确实竞争激烈，很多人做事谨慎，他们最爱说的一句话就是"先探门路再走"，在做一件事情前总是仔细考查，然后抱着观望的态度，也许就在你观望的时候，这个机遇已经被别人抢先了，等你再去做，已经落到后面了，捡别人剩下的金子能捡到几颗呢！

在现代社会，不敢冒险就是最大的冒险。没有超人的胆识，就没有超凡的成就。如果拿破仑在率军越过阿尔卑斯山时，只是坐着说："这件事太冒险了。"那么无论如何，拿破仑的军队也无法越过那座冰雪高山。西点军校每位学员都有这样的冒险意识：无论做什么事，勇于冒险，都是达到成功所必需和最重要的因素。两百多年来，西点军校成了美国的骄傲和象征，它培育出了一大批杰出的人才。毕业于西点军校的威廉·富兰克林说过这样一句话："年轻人要接受困难，勇于冒险。要求永远不犯错，正是什么也做不成的原因。"

成功的路上风风雨雨，坎坷与荆棘密布，唯有勇者胜。很多成功者为什么能白手打天下，就是因为有敢为天下先的超人胆识。

比亚迪总裁王传福是一个传奇式的人物。他在26岁之前，是一个一名不文的农家子弟，1987年毕业于中南工业大学冶金物理化学系，后来进入北京有色金属研究院读研究生，在此期间，他学习刻苦，把全部的精力都投入到电池研究中去。五年后，26岁的王传福被破格委以研究院301室副主任的重任，成为当时全国最年轻的处长。

按照一般人的想法，年纪轻轻拥有如此成就已经很满足了，然而谁也想不到，研究专家居然下海经商。1993年，北京有色金属研究院在深圳成立比格电池有限公司，由于和王传福的研究领域密切相关，王传福顺理成章地成为该公司总经理。

经过一段时间后，王传福已经有了一定的企业经营和电池生产的实际经验，他发现大哥大的价格都是2万元到3万元，市场并不是很好，而且国内电池产业随着移动电话的"井喷"方兴未艾。毕竟王传福是这方面的研究专家，他有了一个大胆的想法——脱离比格电池有限公司单干，他坚信，技术不是什么问题，只要能够上规模，就能干出大事业。

说干就干，1995年2月，王传福在深圳注册成立了比亚迪科技有限公司，员工只有20个人。作为一个有眼光的企业家，王传福知道，成立一个公司并不难，难的是如何将尽可能小的投入演变为尽可能大的产出。这就需要眼光，需要冒险。唯有战略眼光和冒险精神，才是王传福拥有的最大资本。

正在寻求快速发展之道的王传福在一份国际电池行业动态中发现，日本宣布本土将不再生产镍镉电池，而这势必会引发镍镉电池生产基地的国际大转移。王传福立即意识到这将为我国电池企业创造前所未有的黄金时机，找到了这一块新鲜事物，下面就是要去尝试这个新鲜事物的味道究竟如何。王传福决定马上涉足镍镉电池生产。

但是，他面临一个很大的问题，就是日本的一条镍镉电池生产线需要几千万元投资，再加上日本禁止出口，王传福买不起也根本买不到这样的生产线。然而，王传福做到了，他只花了100多万元就建成了一条日产4000个镍镉电池的生产线。并利用成本上的优势，通过一些代理商，逐步打开了低端市场。为进驻高端市场，争取到大的行业用户和大额订单，王传福不断优化生产工艺、引进人才，并购进大批先进设备，集中精力搞研发，使电池品质稳步提升。王传福就这样在镍镉电池领域站稳了脚跟。

市场的空白点很多，关键是眼光和胆量。王传福又开始研发镍氢电池，并从1997年开始大批量生产镍氢电池。2000年，他又研发锂电池。两种项目的研发，成果显著。2001年，比亚迪公司锂电池市场份额上升到世界第四位，而镍镉和镍氢电池上升到了第二位和第三位，实现了13.65亿元的销售额，纯利润高达2.56亿元。

已经达到如此高的成就，王传福还是不满足。经过第一次下海创业的冒险，王传福的冒险精神再次冒了出来——向汽车行业进军。他是这样想的，通过电池生产领域的核心技术优势，打造中国乃至世界电动汽车第一品牌，"我下半辈子就干汽车了"。

2003年1月23日，比亚迪宣布以2.7亿元的价格收购西安秦川汽车有限责任公司77%的股份。比亚迪成为继吉利之后国内第二家民营轿车生产企业。从电动车到轿车，比亚迪在汽车行业开始大干一场。

从电池行业进入自己并不熟悉的、全新的汽车行业，这本身就是极大的挑战。但是王传福最大的资本就是冒险精神。也就是这种精神指导他在事业上一步步走向更大的成功。他要求自己公司的所有员工加强学习、迎接挑战的同时，更要带领大家打造一支敢于冒险的团队。"因为发展企业与人生成长一样都像是攀登一座高山，而找山寻路却是一种学习过程，应当在这个过程中学会笃定、冷静，学会如何从慌乱中找到生机。"

毫无疑问，王传福之所以成为商界奇才，开创青年创业的神话，最关键的就是他所说的"要有冒险精神"。

比如世界闻名的微软帝国的创始人比尔·盖茨，他成功的秘诀是什么呢？他认为，如果一个机会没有伴随着风险，这种机会通常就不值得花心力去尝试。他坚定不移地认为，有冒险才有机会，正是有风险才使事业更加充满跌宕起伏的趣味。在他看来，成功的首要因素就是冒险。就是这种冒险精神，使微软公司几乎垄断了软件行业。

冒险与收获往往是结伴而行的，风险和利润的大小是成正比的，巨大的风险能带来巨大的效益。险中有夷，危中有利，要想有卓越的成果，就要敢冒风险。正如丹麦著名哲学家凯郭尔说的："冒险就要担忧发愁，但是，不冒险就会失落自己。"

不冒险的人生就没有机会可言。我们不要患得患失，勇敢面对冒险之后的风险，抱着必胜的决心，成功就在不远处等着我们。

11

勇于向高难度挑战

冒险家最不喜欢的一个字就是"怕"，一个成功人士最不愿意听到他的员工讲的一个字也是"怕"。因为怕，就不敢去探险；因为怕，员工就不会去挑战，不敢创新。所以，一个常常"怕"的人，生活如同死水。一个常常"怕"的员工，就永远原地踏步，做不出任何成绩，就是下一个被淘汰的对象。又怎么找到自己合适的位子呢？

一个年轻人离开故乡，开始创造自己的前途，要去实现人生的梦想。他动身的第一站，是去拜访本族的族长，请求指点。他对族长说："我的一生不能平庸，我不愿与草木同朽，我要与日月同辉，我要建立丰功伟绩，我该如何去做？"老族长正在练字，他听说本族有位后辈开始踏上人生的旅途，就写了3个字：不要怕。然后抬起头来，望着年轻人说："孩子，人生的秘诀只有6个字，今天先告诉你3个，供你半生受用。"10年后，这个年轻人已建立起了一个超级商业王国，取得了巨大的成就。归程漫漫，到了家乡，他又去拜访那位族长。他到了族长家里，才知道老人家几年前已经去世，家人取出一封密信对他说："这是族长生前留给你的，他说有一天你会再来。"他这才想起来，10年前他在这里听到人生的一半秘诀，拆开信封，里面赫然又是3个大字：有何怕？

每个人的潜力都是无限的，只有去尝试、去挑战，才能挖掘自己的潜能。一个成功人士，他走的那条路必定是一条充满挑战的路。这个年轻人抱着"不要怕"的心，创造了自己的商业王国。是的，有何怕呢！

这个社会处处充满了危机，很多人却没有危机感，在自己的工作岗位上做一天和尚撞一天钟，遇到很多难题总是绕道而行，所以才在自己的职位附近转圈，很少有升职的机会，更别说取得事业上的成功了。要想在工作上获得顺利、在事业上取得成功，必须绷紧一根弦，即勇于挑战，不要惧怕任何压力与困难。因为工作也是一样，犹如逆水行舟，不进则退。

刚刚大学毕业的刘静应聘到了一家化妆品公司，刚到公司要进行培训，短短几天她进步的很快。培训结束后，经理召开了一次全体员工会议，会上经理宣布让一个富有经验的老员工到华南一个城市里建立一个新的市场拓展点，公司在背后提供一些人力和物力的支持。但是，当经理提出这个建议时，那些老员工们个个低头沉思，都没有主动请缨。此时，经理的目光在刚进入公司的一些新人身上巡视了一遍，大家也都低下了头。

经理见此情况，轻轻摇摇头，这时候看到坐在角落里的刘静突然举起手："报告经理，我想去。"

"但是，你……"经理话还没有说完，刘静便抢着说："我想自己会努力地把事情做好的。"

经理本来很担心，这样一个刚刚经历培训的员工能有什么能力呢！但是看到她如此高的激情，出于对新员工的考验，他也就同意了。

毕竟才刚刚走出校门，还是有点冲动。下班后刘静看那些老员工个个喜笑颜开，说是祝福她，刘静有点感觉他们好像等着看自己的笑话，突然有点后悔，自己出这个风头有好结果吗？回到家里，她把这件事情给家里人一说，父母都说她年轻，一点都不知道江湖险恶，没有经验怎么承担那份工作！刘静反而一下子有了信心："就冒这一次险，全当是对自己的一次磨炼。又死不了。"因此，她便轻装上阵了。

毕竟刘静是一个工龄太短的新员工，公司虽然赏识她的胆量，但是还是给她制定了一套严谨的工作方案，并在后方提供咨询服务。

三个月过去了，当时在会场的那些员工谁也没有想到，三个月的艰苦奋战，刘静这个刚刚出道的小丫头居然令人刮目相看，在华南的那个城市里建起了一个小规模的市场拓展点。经理对她大加赞赏，把她提拔为那里的部门副经理。三个月的经历，让刘静这辈子难以忘记，没有什么不可以战胜，只要抱着挑战的胆量和必胜的信心，就能成功。而且通过这三个月，她的见识和能力也因此实现了飞跃式的突破。

勇于挑战，才能得到机遇的垂青。上述例子中，那些老员工可能都具备胜任这个工作的能力，但是他们为什么不敢去接受这个唾手可得的机会呢？关键就是他们对自己不够自信，缺乏挑战困难的勇气。他们以为，要想保住工作，就必须保持熟悉的一切，对于那些颇有难度的事情，还是躲远一些为妙。就这样一躲再躲，终其一生，也只能从事一些底层的平庸工作。刘静也可以跟其他员工一样，只要做好自己的本分工作就可以了，但是尽职尽责只是称职，绝不是优秀。要想出类拔萃，必须拥有进取心，进取才能胜任。而胜任力，往往是在不断地迎接挑战和解决困难过程中得到增强的。所以，她主动发起了"进攻"，才得到了这个机遇。

面对机遇那扇大门，敢于尝试的人，往往会勇敢地推门而入，他们可不管里面有没有洪水猛兽和荆棘满地；而胆小的人，却想着自己的种种不足，想着失败了怎么办，因此望而却步，转身回家，从而与精彩人生擦肩而过。

当你站在一楼，不要说六楼的楼梯不适合你站。当你刚刚开始求职时，也不要说某个公司的职位不适合你，是否适合，只要你敢去做，就有可能，不敢去做，就没有一丝可能。一个合适的位子，是自己争取来的。想要胜任更高的位置，就必须有强烈的自我提升的欲望。有不少成功人士指出：很多人的资质都比他们高，但那些人至今还庸庸碌碌，就是因为他们缺乏足够的进取心。有位老板在描述自己心目中的理想员工时说："我们所急需的人才，是拥有进取精神，勇于向'不可能完成'的工作挑战的人。"

杰出人物从不安于现状。随着他们的进步，他们的标准会越定越高；随着他们眼界的开阔，他们的进取心会逐渐增长。于是，他们能越来越胜任更高层次的工作。成功首先属于那些敢于尝试、主动进取者，属于主动让自己胜任者。

我们行为中的成功机制都是接受自己强烈挑战自我的愿望所指挥，因此，不管我们从事什么职业，在踏入职场的一刹那，就要让自己具备一种强烈挑战自我的愿望。这样，我们在日常工作的行为中才能表现出一种不断追求成功和追求上进的行为。

12
机会就在你身边

改变你生活和他人生活最有效的方法之一，就是抓住每一次改进的机会。机会就在你的眼前，时时刻刻，但是你却没有发现它。所以，怎样才能使你睁大眼睛抓住机遇呢？怎样才能使你看清隐藏在你周围的每个机遇呢？

我们要明白一点，机会往往不是别人给予的，机会是靠自己努力去争取的。有的人眼睁睁地看着大好的机会从眼前溜走，却整日里抱怨命运之神为何不垂青于他；有的人积于平时，慢慢地积蓄力量，待机遇的灵光稍一闪现，便能紧紧地把握住，才有获得成功的机会。道尔顿患有色盲症，可他正是由于发现自己视觉异常时，用心钻研，才会填补医学上的空白。安藤百福看到拉面摊前排着长队，于是他看到了商机，才有了方便面的普及。乔立失手将煤油滴在熨烫的衣服上，正是由于这一细节，才发现了煤油的去渍功效。

你的生活中不是缺少机会，而是你没有一双发现机会的眼睛。

从前，有个虔诚的老教士不幸落水，他坚信神会救他。

不一会儿，漂来的一根木头对他说："上来吧，我把你救走。"老教士摇了摇头说："神会救我的！"于是木头漂走了。

又过一会儿，漂来了一只小船对他说了同样的话，老教士仍是摇了摇头说："神会救我的！"

最后来了一条大船对他说："上来吧！我救你！"老教士摇了摇头，还没等说什么就被淹死了。

见到了神，老教士抱怨说："神啊！我一直侍奉您，您为什么不救我呢？"神说："我给了你三次机会，你都不抓住，我还以为你急着到我这见我呢。"

老教士这样的人生活中很常见，他们的眼睛在寻找机会，没想到就被机会穿在身上一层薄薄的纱衣蒙蔽了。在你的职位上，你的老板、你的上司，甚至你的同事都给过你很多次机会。比如上司提出一个新的计划，需要人主动请缨完成这个任务，但是你没有勇气、没有自信去争取，就这样与一次说不定可以升迁的机会失之交臂。你反而还抱怨，自己没有遇到机会。培根说："只有愚者才等待机会，而智者则善于造就机会。"机遇是不可能眷顾守株待兔的人的，等待不如自己发现创造。用自己来主宰自己的命运，而不是等待别人来操纵自己的命运。

1974年，美国政府为清理自由女神像翻新扔下的废料，向社会广泛招标，但连着几个月无人问津，因为大多数商人认为处理这批废品无利可图，弄不好还会得罪环保组织。这时正在法国旅行的麦考尔公司董事长得知了这个消息，立即承揽了这个项目。他将废铜块铸成小自由女神像，用废木料做成基底座，并将废铝钉、铝角料铸成纽约广场钥匙向外国游客销售，总获利350万美元，将这批废品的价值提升了1万倍。

是你的眼睛欺骗了你！要想发现身边的机会，首先你要擦亮自己的眼睛，留心周围的小事，要有敏锐的洞察力，就像很多求职故事中讲的一样，哪怕就是地板上一个小小的纸团，也不要放过，说不定那就是你的机会！在日常生活中，常常会发生各种各样的事，有些事使人大吃一惊，有些事则平淡无奇。一般而言，使人大吃一惊的事会使人倍加关注，而平淡无奇的事往往不被人所注意，但它却可能包含有重要的意义。一个有敏锐观察力的人，就要能够看到不奇之奇。19世纪的英国物理学家瑞利正是从日常生活中观察到端茶时，茶杯会在碟子里滑动和倾斜，有时茶杯里的茶水也会洒一些，但当茶水稍洒出一点后会突然变得不易在茶碟上滑动了。瑞利对此做了进一步探究，做了许多相类似的实验，结果得到一种求算摩擦的方法——倾斜法，获得了创造给他带来的巨大幸福。当然，我们说培养敏锐的洞察力，留心周围小事的重要意义，并不是让人们把目光完全局限于"小事"上，而是要人们"小中见大"，"见微知著"。

曾经在报纸上有这样一个文章，说某省政府机关的领导到某国家级的贫困县中的贫困乡中的贫困村里进行慰问，并且来到了村里最贫困的一家，以显示党和人民的温暖。随行的当然少不了报社记者，进行跟踪采访。

来到老乡的家里之后，看到的是家徒四壁，十分的凄凉！全家人只有一床棉被，吃饭时只有一个瓦盆，甚至连筷子都没有，只好用手抓着吃，历史仿佛倒退了五千年。所有的人看到这景象都不禁唏嘘，都情不自禁地把手伸到口袋里，无论有多少钱都毫不吝惜地掏了出来，当然也包括这位随行的记者。

临行前从老乡家里出来的时候，所有的人都在落泪。但是，当走到院门外的时候，这名记者突然止住了眼泪，与此同时她的心里也不再难过，取而代之的是一份感慨。因为她看到老乡家的院门外有一大片的竹林，而且是最适合做筷子的那种……

当一个人习惯了被人施舍，即使有机会摆在面前他也是看不到的。

对于我们年轻人来说，发现机会的能力相对比较差。现在很多企业的年轻人仗着自己年轻有头脑，加上手上还有较好的学历，总感觉自己高人一等，找工作的时候非常挑，工资低的，不要；公司名气不大的，不要；公司位置偏僻的，不要……就这样，高不成低不就。如果好不容易"委屈自己"

到了一家不怎么满意的公司上班，傲气十足，稍微遭到上司的批评就拂袖而去。之后，就抱怨自己没有遇到一个发展的机会。如此下去，你就真的与机会绝缘了！

机会就在你身边，在你平凡的工作中：每天我们要坚持学习和总结，就能更好地把握机会，每一次经历的过程就是磨炼你意志的能力，每一回出公差都是锻炼你办事的能力，每一次业绩都是体现你工作的能力，每一次领导都给你锻炼管理的机会，每一次工作总结都是考验你的价值。那是领导扶植你、信任你，实际能力就是机会。

所以，我们要明白，极其平凡的职业中、极其低微的位置上，也藏着极大的机会。只要把自己的工作，做得比别人更专注、更迅速、更正确、更完美；只要调动自己全部的智力，从旧事中找出新方法来，便能引起别人的注意，从而使自己有发挥本领的机会。适合我们的机会，往往是我们自己用努力赢得的，而不是从天而降的。

13

眼光决定了你的未来

有这样一句广告词：高度决定视野，角度改变观念，尺度把握人生。也有这样一句话：眼光决定未来，思路决定出路。我们应该明白，未来是掌握在自己手中的。眼睛看到的是视力所及的范围，眼光却要求我们在空间和时间上看得更远，也就是潜在的机遇。这些潜在的机遇，更能帮助你超越自我、出类拔萃！

曾经看过这样一幅漫画，我们知道猫头鹰是吃老鼠的，而人类却杀掉猫头鹰，老鼠在没天敌之后，就吃掉人们所有的谷物。就这样，人一手杀死了猫头鹰，也一手为自己准备了苦不堪言的"最后的晚餐"。如果只顾眼前的利益，眼光狭窄，这样的结局必定让你失去更多！

而今在商场上，新的行业层出不穷，商家寻觅商机，靠的就是与众不同的眼光，这个眼光必须长远！

1981年，英国王子查尔斯和戴安娜要在伦敦举行耗资10亿英镑、轰动全世界的婚礼。消息传开，伦敦城内及英国各地很多工商企业都绞尽脑汁想利用这一千载难逢的发财机遇。有的把糖盒上印上王子和王妃的照片，有的把各式服装染印上王子和王妃结婚时的图案。但在诸多的经营者中，谁也没赚过一家经营"望远镜"的商号。

这位老板想，人们最需要的东西就是最赚钱的东西，一定要找出在那一天人们最需要的东西。盛典之时，要有百万以上的人观看，将有一多半人由于距离远，而无法一睹王妃尊容和典礼盛况。这些人那时最需要的不是购买一枚纪念章、买一盒印有王子和王妃照片的糖，而是一副能使他看清人和景物的望远镜。于是他找人生产了几十万副马粪纸和放大镜片制成的简易望远镜。

那一天，正当成千上万的人由于距离太远看不清王妃的丽容和典礼盛况，急得抓耳挠腮之际，千百个卖童突然出现在人群中，高声喊道："卖望远镜了，一英镑一个！请用一英镑看婚礼盛典！"顷刻间，几十万副望远镜抢购一空。不用说，这位老板发了笔大财！

机遇对任何人都是平等、公正的。就看谁抓得准、用得好。其实，在这个事例中，众多的英国工商业企业也不是没抓准机遇，只是不如生产简易望远镜的那位老板机遇抓得准罢了。说到底还是那位老板比别人的眼光更为长远，研究得更细一层，他看准了那一天人们最大的需求、最需要的东西——望远镜。

还有很多这样的例子，某某小公司的老板因为看中了奥运会这样难得的机会，生产大量与奥运有关的产品，由此发了一大笔财。某某农民在国家退耕还林政策出台之前，承包大片荒坡，栽种了果树，由此也成了百万富翁。我们还知道在20世纪70年代末80年代初，国家严禁低价买进高价卖出，把这样的买卖叫作投机倒把，却有很多人看中了这是一个大好的赚钱机会，偷偷去摆地摊，那时候的摆地摊可不比现在的摆地摊，很多人就由摆地摊开始成了新中国新一代的商人。

虽然说我们是普通人，但是在这样的经济条件下，谁都可以成为企业老板。关键是你在目前的岗位上做得如何，能否看得到作为一个企业老板应该具备的眼光呢？现在的社会，竞争非常激烈，随时都在激励我们上进！而对于刚开始求职的人来说，找一个好的工作，不仅仅是看薪水的高低，更重要的是这个公司是否有发展潜力。然后在这个公司勤勤恳恳、踏踏实实地干，把工作力求做得更完美，那么你就能成功。

赵欣是一个从农村出来打工的穷小子，刚到城市里，他没有学历、没有技术，就到了一家五金商店工作，每个月才五百块钱。为了生存他只能去做这个工作，刚上班的第一天，老板就对他说："你必须对这个生意的所有细节熟门熟路，这样你才能成为一个对我们有用的人。"

"一个月才五百块钱，刚够抽烟，还值得认真去做？！"与赵欣一同进公司的年轻同事不屑地说。

赵欣明白，能有这个工作已经很不错了。虽然非常简单，但是他还是非常用心地做。对于20岁出头的赵欣来说，他想了，既然在五金店工作，就认真干，老板的生意这么好，看来这是一个发展非常不错的行业。

经过几个星期的仔细观察，赵欣注意到，每次老板总要认真检查那些进口的外国商品的账单。由于那些账单使用的都是法文和德文，于是，仅仅高中文化程度的他开始学习法文和德文，并开始仔细研究那些账单。一天，他的老板在检查账单时突然觉得特别劳累和厌倦，看到这种情况后，赵欣主动要求帮助老板检查账单，虽然刚开始他对这些外文不是非常懂，但是他随身会备词典。态度非常认真，老板很高兴，就把账单交给了赵欣接管。

一个月后的一天，赵欣被叫到一间办公室。老板对他说："小赵啊，公司打算让你来主管外贸。这是一个相当重要的职位，我们需要能胜任的人来主持这项工作。目前，在我们公司有20名与你年龄相仿的年轻人，只有你看到了这个机会，并凭你自己的努力，用实力抓住了它。我在这一行已经干了四十年，你是我亲眼见过的3位能从工作琐事中发现机遇并紧紧抓住它的年轻人之一。其他2个人，现在都已经拥有了自己的公司，并且小有建树。"

就这样，年轻的赵欣每个月的工资涨到了三千元。一年后，他的工资达到了万元，并经常被派驻其他国家。据他的老板评价，赵欣可能在30岁之前成为公司的股东。为什么呢？就是因为赵欣能在这些平凡琐碎的工作中看到机遇，他不像与他同时进公司的同事，用眼睛看只能看到眼前的蝇头小利，只能用眼光看，并且用眼光来指挥自己的行动，通过平凡的琐事和自己的努力抓住了这个机会。

所以，不能由目前的薪水来判断一份工作的价值。万丈大楼平地起，机会就孕育在平凡的工作当中，我们要拨开云雾，看到工作中蕴含的机会，发现机遇。能够从日复一日的工作中发现机遇是非常重要的，尽管机遇所带来的近期回报可能很少，甚至微不足道。但是，我们不能把眼光局限在自己得到了什么，而应当看到"我们能够得到这个机遇"本身的价值。

脚踏实地的耕耘者在平凡的工作中创造了机会，抓住了机会，实现了自己的梦想；而眼光不愿俯视手中的工作细节的人，在等待机会的焦虑中，度过了并不愉快的一生。

14
机会垂青有准备的人

抱怨没有机会的人，是没有准备接受机会的人。世界上最可悲的一句话就是："曾经有一个非常好的机会，可惜我没有把握住。"遗憾的是，这种事情在很多人身上都发生过。其实，机会对我们所有人都是平等的，它有可能降临在我们每一个人的身上，但前提是：在它到来之前，你一定要做好准备。

有些人在浮躁的状态中工作，经常抱怨机会没有垂青于自己，可是老板让你开会的时候，说不定就是一个很好的机遇呢！但这样的人常常会错过。同样的机遇，只有降临到一个具有主动性和能动性、具有成功准备的人那里，才会产生持续的力量。有的人不但能够抓住机遇，还会创造机遇，不但一次成功，还会持续成功，这就是他们能够主动选择自己的人生之路。

人生路上，不可能没有机遇，当我们没有为机遇的来临做任何准备时，机遇就算来了，我们也看不到。就像男孩子追求女孩子，关键是你的条件是否吸引女孩子青睐于你，你能否为这些条件去努力呢？

小李刚刚从部队退伍，现在的退役军人也不可能等着政府来安排就业，必须自己去找工作。小李一连参加了多场招聘会，都没找到合适自己的工作岗位。但是通过他在招聘会现场的仔细观察，发现有许多技能类职位往往都乏人问津，虽然这些岗位的需求量都比较大，但招聘摊位前经常门可罗雀。对于求职者来说，他们抱怨人才太多，自己排不上队。而对于用人单位来说，没有可用的人才。

小李回家反复思量了一段时间，下定决心要学习一门手艺，只有有一门技术，才能让自己成为用人部门"可用的人才"。于是，他来到了职介所的培训窗口向指导员进行咨询。小李告诉指导员，他发现市场上有许多技能类岗位都无人应聘，他认为这是一个难得的好机会，希望能够通过指导员的帮助和推荐，选择一个合适自己的技能类培训项目，实实在在地学习一门有用的技术。指导员对小李的想法非常赞同，鼓励他参加维修电工方面的培训，并建议他以后可以往楼宇智能化控制技术方面发展。

几个月后，顺利拿到了初级维修电工技能证书的小李又报名参加了职业见习，开始在一家大型物业服务企业从事维修电工方面的职业见习。小李非常珍惜这个机会，他对自己未来的职业生涯发展充满了信心。

不管小李的未来到底如何，不过我们可以肯定的是，天道酬勤，小李看准了电工这一行，并且通过各种努力来提高自身的能力，终将有一天，机遇会降临在他身上。

很多人都在羡慕那些看上去似乎是一夜暴富的人，总感慨自己没有得到像他那样的机会。可是，大家都看到了他们成功的一面，却没有意识到在他们风光的背后，为达到目的所做的准备。如果说成功确实有什么偶然性，这种偶然的机会也只会垂青那些有准备的人。

有一个真实的故事。小桃和小娟是两个乡下姑娘，因家庭贫苦，都辍学了。为了贴补家用，也为了自己的将来，她们一同到大城市寻求发展，并且租了同一间屋子居住。

小桃是一个非常聪明的女孩，她知道凭自己的知识水平是很难在这样的城市得到发展的。机会遍地都是，但不会凭空掉在自己身上。于是，她开始为自己的未来做准备。最初，她只是在一家宾馆做清洁卫生的工作，但她非常认真，而且在业余时间里到附近的培训学校选修了酒店管理的课程。她还注意矫正自己的乡下口音和一些都市人所难以接受的习惯。经过几年的努力，她已经成了这家宾馆服务部的经理，后来还与一位年轻有为的律师结了婚，她终于得到了她想要的幸福。

但是小娟却不一样。她到了大城市，对这个城市的灯红酒绿着迷不已。她同样想在这个城市找到一个好的发展机会。但是小娟却把这个发展机会寄托在白马王子身上，电视上不是有那么多灰姑娘遇到白马王子，从而变成公主的故事吗？她很坚定地相信自己也一定可以遇到这样的机会。在这个过程中，虽然中间也曾有一些不错的小伙子对她产生过好感，但是她简单的头脑、不思上进的思想，让接近她的男孩子又远离了她。在自己的同伴已经过上高级白领生活的时候，小娟还在这个都市的最底层挣扎。

我们当中有很多人都像第二个女孩一样，每天都幻想着从天上掉下来一个非常好的机遇，从而实现自己的梦想。他们并没有意识到，机会其实无处不在，但没有准备的人是不会看到它的。我们常听到这样一句话："我们的经理只是运气好，撞上了晋升的机会，要是给我这个机会的话，我一定会比他干得出色得多。"真的是这样吗？其实这些人根本没有看到机会背后的努力。

你现在如果还处于择业的过程中，不要去等待好运的降临，不要把时间消磨在幻想中，而应该利用时间来为你的工作方向和目标做好准备。如果你现在的工作仅仅是琐碎平凡的，那么也不要抱怨升职的机会、让你大展拳脚的机会没有出现，而应该做好本分的工作，踏踏实实提高自己的专业能力和处事能力，下一个升迁的就是你！许多人心态浮躁，他们总想："做这份工作，有什么希望可言？""混呗，干这差使能有什么出头之日？！"对工作心灰意冷的人，不可能踏踏实实地做好本职工作。他们坚信世界上有很多挣钱或者成功的机会，于是他们焦急地等待，等待另外的时间、另外的地点、另外的行业、另外的工作职位，但绝不是现在，绝不是手头上这个日久生厌的工作；他们知道如何在将来提高自己，但却不珍惜眼前的机会。

机会对于有准备的人来说，是通向成功之路的催化剂；对于缺乏准备的人来说，却是一颗裹着糖衣的毒剂，在你还沉浸在获得机会的兴奋之中时，它却会给予你致命的一击。你还在苦苦地盼望着机会吗？那好，马上去做准备吧！

15
不要让机会偷偷溜走

不要讲你这一生从来没有遇到过机遇，这话绝对是错误的！也许你的一生机遇只会降临一次，也许它会无数次地光顾你。机遇是属于每一个人的。但是，你若不能及时地抓住它，它就会转瞬即逝。所以，抓住机遇也是一种能力，它会帮助你在苦苦跋涉中来一次飞跃，让你看到成功女神的微笑。

很多人小的时候都玩过捕鸟。有一个人讲过他这样一次经历：

有一次，我和父亲进林子去捕鸟。父亲教我用一种捕猎机，它像一只箱子，用木棍支起，木棍上系着的绳子一直接到我隐蔽的灌木丛中。只要小鸟受撒下的米粒的诱惑，一路啄食，就会进入箱子。我只要一拉绳子就大功告成。

支好箱子，藏起不久，就飞来一群小鸟，共有几十只。大概是饿久了，不一会儿就有6只小鸟走进了箱子。我正要拉绳子，又觉得还有3只也会进去的，再等等吧。等了一会儿，那3只非但没进去，反而走出来3只。我后悔了，对自己说，哪怕再有一只走进去就拉绳子。

接着，又有两只走了出来。

如果这时拉绳，还能套住一只，但我对失去的好运不甘心，心想，总该有些要回去吧。终于，连最后那一只也走出来了。

那一次，我连一只小鸟也没能捕捉到，却捕捉到了一个受益终生的道理：机会稍纵即逝，一定要抓住。

机会就像一只小鸟，如果你不抓住，它就会飞得无影无踪。有多少人就像这个捕鸟人的心理一样，把无数次机会错失了！项羽在鸿门宴放弃了杀掉刘邦的最好机会之后，就再没有得到能够杀掉刘邦的机会，从而被刘邦逼死。如果项羽在鸿门宴上抓住这个千载难逢的机会杀掉刘邦，那么他俩的命运将完全不同。

中国首富李嘉诚想必人人都知道吧。他的成功在于对时机的把握。改革开放初期，社会还相对落后，土地也没有现在这样的"寸土必争"。但就是在这样的环境下，李嘉诚把握住了商机，在自己并不富裕的情况下借巨款购买了大量的地皮。这样的举动需要多大的勇气和智慧。也正是这次常人想都不敢想的投资使他发家起业，成了亚洲地产大亨。

古时候有一个年轻人叫皮特，天天梦想着哪一天能够拥有美女、金钱和地位，从而摆脱自己贫穷的生活，于是每天都很虔诚地跪在床前祈祷。他的诚心终于感动了上帝，有一天晚上上帝就托梦给他："年轻人啊，我一定会赐给你想要的东西……"他醒来之后兴奋无比，觉得上帝一定会让机会降临于他。

有一天，村里来了一个小姑娘，浑身脏兮兮的，应该是外地逃难过来的。小姑娘走到皮特的门口想要口水喝，年轻人很厌恶地把这姑娘赶走了，心里想着，上帝会给我一个如花似玉的姑娘，这样脏的姑娘跑来做什么！这个姑娘到了隔壁年轻人家中，那个年轻人心地善良，就给了姑娘很多的水和食物。而且经过梳洗，小姑娘竟然如此漂亮，整个村子没有哪个姑娘能比。为了报恩，小姑娘就留在了隔壁年轻人家里。

又过了一段时间，隔壁的年轻人约皮特："听说南方那个地方做生意非常赚钱，我们何不也去，说不定能赚一笔钱呢！"他摆摆手，很鄙视地把这个朋友赶走了：做什么生意啊，上帝会给我足够多的钱的。于是，隔壁的年轻人就一个人去了南方经商。过了一段时间后，那个年轻人身穿绫罗绸缎，抬着大箱子的珠宝回到了家。

很多年过去了，皮特已经步入中年，他百无聊赖在大街上闲逛，走到桥上，突然听到桥底下有人喊救命，原来一个小孩子落水了。他撇撇嘴，没有理会。这时，那个住在他隔壁的人奋不顾身地跳下了水。结果救上来的不是普通的小孩子，而是居住在当地的一个王爷的儿子。王爷为了感恩，在朝廷托人赏给了这个救他儿子的人一个官。从此，隔壁这个人在自己的官位上享受自己的金银财宝，身边还有一群温柔体贴、美若天仙的女子。

皮特此时已经开始步入老年，他非常嫉妒，愤愤不平，明明上帝要给他这些东西的，为什么到现在自己还是一无所有呢！但是他依然对上帝抱有希望，说不定上帝明天就把这些机会给我了。

就这样，皮特逐渐老去，在一个风雪交加的夜晚，他躺在自己的茅草屋里，慢慢睡着了，他终于再次梦到了上帝，皮特质问道："上帝啊，你不是说我是可以拥有美女、金钱和地位的吗？为什么到现在你还不给我呢？"上帝哈哈大笑："你隔壁的那个人，他所拥有的一切你都是可以拥有的，我把机会先给了你，你不去把握，那机会就留给他了啊……"皮特此刻突然醒悟，却再也醒不过来了。

机会是悄悄来的，如果你不去把握它，它就又悄悄地溜走了。故事中的皮特，他的悲哀就在于把到手的机会拱手让人，不懂得去把握。因此，不要埋怨机会不降临在自己身边，而要埋怨自己，为什么不去抓住机会呢！

有一个中年人，长期在公司底层挣扎，时刻面临着失业危险。有一天，刚刚发过工资，他领到的工资依然是公司最低的。他很难过，于是跑到了老板的办公室里。这个老板是一个非常仁慈又和善的人。因此，这个中年人也没有掩饰，开始一字一句诉说自己的苦恼。他讲话时神情激昂，讲了一堆的话，中心意思就是抱怨老板不愿意给自己机会。

老板听他抱怨完之后，微微笑了，问："公司最近有没有让你去做什么事情呢？"

"前些日子，公司派我去海外营业部，但我觉得，像我这把年纪的人，怎么能经受如此的折腾呢？"他义愤填膺地说。

"为什么你会认为这是一种折腾，而不是一个机会呢？"老板问他。

"难道你还看不出来吗？公司本部有那么多职位，却让我这个年纪一大把的人，去如此遥远的地方。"

这是一个非常现实的例子，身在职场的我们，是否也曾这样抱怨过呢？这种抱怨显然是没有用的，只能体现这个中年人之所以到了中年还身在底层的本质原因：他并没有通过改变自身的不利条件，把挑战当作一种机遇，反而避开机遇。

请你问一下自己，你是否具备把握机遇的条件呢？也就是前文我们说的，你为机遇做好准备了没有？你是否不断为自己充电，让自己具备足够强的知识能力？你是否不断地磨炼自己，让自己具备迎接挑战的能力？你是否兢兢业业做好本职工作，为自己更高目标做好准备呢？如果没有，你就不具备把握机遇的条件，那么还等什么呢？睁开你的慧眼，提升自己的能力，把握住身边每一个机会吧！我们相信，这样的人才能在自己的工作中大展拳脚，从而走向成功！

16

知识是你的私人财产

有这样一句俏皮话：21世纪什么最重要？人才。却也是一句非常现实的话，社会主义大厦就是前仆后继的人才建立起来的。而人才之所以成为人才，就来自孜孜不倦的学习，通过学习获得不同的知识，从而把知识转化为财富，说得俗气一点，就是金钱。而这些知识是你的私人财产，无论何时何地，就算别人在为失业而忧虑时，你也是有保障的。拥有知识，就拥有了主动权，失败的潮流都会小心翼翼绕过你。要记住：给自己加重，是一个人不被打翻的唯一方法。

一艘货轮卸货远航，在漫无边际的大海上，突然遭遇巨大风暴。老船长果断地下令："打开所有船舱，立刻往里面灌水。"水手们很疑惑：险上加险，不是死得更快吗！船长见大家迟疑，很镇定地说："根深干粗的树不容易被风吹倒，在狂风里受害的往往是根基不牢的小树。所以，空船时最容易发生危险，船在负重的时候才是最安全的。"水手们一听也觉得有道理，就按照船长说的去做了。虽然暴风雨依然猛烈，但是随着货舱里的水越来越满，货轮渐渐平静了。

21世纪是信息社会，信息如同风暴一样在席卷整个世界，如果不给自己加重，迟早被风暴击倒。要记住：终生学习，终生进步。不要把你的学历太当一回事，学历不代表能力，就算拿着世界名牌大学的学历，如果不接受社会上新的知识，那也没有用。不要太把你的后台当一回事，就算靠着关系有一份不错的工作，如果不去学习，你终归是被淘汰的对象。

任何一个成功者，都是在不断地学习中获得对自己专业、对自己工作更深的认识，也是在不断地学习过程中寻找到一个更高的发展平台。

我们经常提到的比尔·盖茨，这个软件界的大亨，从来没停止过学习。他读大学的时候，人们都说大学是恋爱的温床，别人在忙着谈恋爱的时候，比尔·盖茨利用所有空闲的时间阅读他钟爱的电脑软件和财经管理方面的书籍。难道这些阅读和学习不是他事业上原始资本积累的一部分吗？当然是。当比尔·盖茨拥有了一个软件王国之后，他并没有抛开一切去享福，依旧没有停止学习。他带领员工在软件领域不断探索，为世界计算机软件方面做出独特的贡献。不仅如此，他还在企业管理上创造了一套现代管理方法。

你能得到多少，往往取决于你知道多少。现代企业需要的人才，往往是学习能力强的人。你不会可以学，如果连学习的能力都没有，这个人也没有什么可用的。学习能力，既包括原本的学习基础，还包括接受新鲜事物、新鲜信息的能力。后者非常重要。

学习，首先要谦虚。老子说："江海之所以能为百谷之王，以其善下之，故能为百谷王。"百川之所以能汇流于大海，因为大海把自己的位置放得很低。身在职场，要记住，自己不是全能的，就算是老板也不敢说自己是全能的，那么就必须把自己的位子放低，不懂就问，不会的就学习。一些企业一直还保留有老员工，年纪都五六十岁了，依然在公司上班。会有年轻人说公司用的这些老员工是吃闲饭的，在说这些话的时候你可要注意了，别看人家年纪大，每次开会或者公司内部培训的时候，他们往往比年轻人更用心，这才是他们留在公司的原因。学习能力，跟年龄无关。

另外，学习是一种习惯，需要长期坚持。学习不是三天打鱼，两天晒网，必须明白我们学习是为了更好的发展。只有学习，才能进步，才能发展，因此要养成一个学习的好习惯。最好制订一个学习计划。公司很有可能扩展海外市场，这是一个难得的发展机会。你如果想抓住这次机遇，最好要具备这种能力。专业技能就不用说了，多去了解一些市场方面的书籍。另外，自学一门外语，即使只懂得简单的对话，特别是英语，精通了更好。其实这些知识，就算你哪一天被这家公司炒鱿鱼了，你出色的能力一定会得到另外一家公司的重用。那样，你怎么会失业呢！

是我们在主宰自己的命运！不是你的主管，不是你的上司，不是你的老板！知识改变命运，知识决定你财富的大小。不断学习就是不断进取的表现。

曾经有一个男孩子很想成就一番事业，他做了很多事情，他最想做的还是电脑方面的事情，感觉自己很用心，但是每次都以失败告终。这样下去也不是办法啊！他的祖父是一个老船员，他亲眼看着自己的孙子尝试——再失败——尝试——再失败……有一天，他把孙子叫到面前说："从前有一个年轻的船员，十分勇敢，总想自己驾船出海，好亲自见识一下大海的神秘莫测。可是这个船员的技术很一般，出海的经验又相对较少。但船员最终仍然不顾老船员们的劝说，带上粮食出了海，一去就再也没回来，一定是在途中遇上了风浪，而他又无法熟练地掌舵，最终丧生于大海。因此，要想掌握自己的船只，就必须修建好自己的码头。人生也是这样，要想在某方面获得成功，有所建树，就必须先掌握好这方面的知识，以充分的准备去应战。"

听完祖父的话，这个男孩子好像瞬间长大了很多，他终于明白自己缺少的是什么了。从此之后，他不再四处尝试，而是静下心来，好好读书。经过几年的努力，他终于考上了名牌大学。在上学期间他就凭借过硬的知识和计算机技术小有名气，不少公司经常打电话来，希望他能够加盟，而且待遇十分优厚，令同龄的青年们羡慕不已。

这个男孩子从他祖父的话中明白自己最缺的就是知识。想要做大事，光凭热情是不够的，与此相关的知识如果都不具备，那何谈成功呢？

珍妮在一家公司做经理助理，她的工作非常简单，端茶、倒水、接听电话、帮经理记开会时间和地点……跟其他同学比，珍妮算是混得比较差了。关键是，珍妮来自农村，在这个大城市没有本地户口、没有人际关系，光凭那一张学历，什么都代表不了。找工作可谓是千辛万苦，她非常珍惜这份助理的工作。公司是做外贸的，跟在经理身边久了，她慢慢懂得了一点外贸的知识，尽管她大学学的是中文。要想拼出头，只有一条路可走，让自己的能力超出助理这个职位之上！由于专业是中文，珍妮的语言组合能力很强，就是因为一直自卑不怎么爱说话，口头表达能力差一点。另外，珍妮的英文基础不错，也同样是口语差。为此，珍妮利用周末时间报了一个口语培训班，一边练习英语口语，一边通过接触新人群锻炼自己的人际交往能力。

是的，珍妮这条路走对了。有一次，公司来了一个外国客户，刚好负责接外商的人有事出去了，珍妮勇敢地站了出来，用一口流利的英文与客户交谈，而且她清秀的外表、恰到好处的谈判技巧让客户十分欣赏，谈判十分成功。

珍妮的形象一下子在公司闪闪发光了，没有人会想到这个其貌不扬的助理还具有这些不为人知的能力！经理对珍妮也大加赞赏，之后就把珍妮调到了市场部。不到半年时间，珍妮就做了外贸部主管。

命运掌握在我们自己手中。只有让自己强大起来，才能适应更大的挑战，才能在挑战中脱颖而出。与其四处找船坐，不如自己修一座码头，到时候何愁没有船来。

知识决定你的未来，不管你现在做的是什么工作，合理运用自己的时间，为自己充电，锤炼自己，让自己发光。只有这样，好运才会降临于你，财富自然而然就来了。保护好你的私人财产，如果它的数目太小，就多去接触新鲜信息，让你的私人钱囊鼓起来！

17
做一个勇于进取的人

信息时代，瞬息万变，每个人无时无刻不在面临机遇和挑战。那么如何在竞争激烈的社会中立于不败之地呢？只有不断求索，不断进取。墨守成规、安于现状，终究被历史淘汰。工作如逆水行舟，不进则退，只有勇于进取的人，才能在自己的职位上有更好的表现，才能不断向成功靠近。

在美丽的非洲大草原上，生活着羚羊和狮子。每天太阳升起来的时候，羚羊和狮子都开始了不断的奔跑。

有天早晨，小羚羊问母羚羊："妈妈，为什么我们不断奔跑呢？"

母羚羊回答："孩子，我们与狮子生活在一个地方，如果我们待在原地不动，狮子很容易就抓住我们把我们吃掉。只有不断奔跑，比狮子更快一点，我们才能生存。"

小狮子也问母狮子："妈妈，我们为什么要不断奔跑呢？"

母狮子回答："孩子，我们的食物羚羊每天都跑那么快，我们自然也要跑得快一点。如果我们停止奔跑，或者跑得慢一些，我们就追不上羚羊了，也就要饿肚子了。"

昨天不等于今天，过去不等于未来。这是一个竞争激烈的社会，不是大鱼吃小鱼，而是快鱼吃慢鱼。各自为了生存，必须不断地进取、用心挑战，才能超越自我、战胜对手、不断进步。自然界对任何一种动物都是公平的，公平竞争，共同发展。社会（公司）对每一个人也是公平的，竞争合作、共创共享、强者生存、弱者淘汰是竞争的不二法则，不管你今天处在强者的位置还是弱者的地位，都要像羚羊和狮子一样，当崭新的一天开始的时候，在自己的岗位想方设法让自己进步，做到由弱者变强者，强者更强。只有这样，才能在激烈的市场竞争中，创造优秀的业绩；在激烈的岗位竞争中，立于不败之地。

记得小时候读书时，父亲总会说，在别人玩耍的时候你要不停地学习，这样你才能超过他们；但是如果别人在学习的时候，你在玩耍，那你一定落后于人。这个社会上，我们都在赛跑，你在现在的工作岗位上，如果你不积极工作，不去提升自己的能力，那么就算你拿着再高的学历，也随时面临被炒鱿鱼的可能。主管的职位再诱人，你不能勇于进取，而你的同事天天努力工作，加强自身能力的锻炼，他必定超过你。所以，当你拥有稳定的生活，满足自己的收入时，始终要考虑到潜在的危机。别人的发展，形势的变化，随时有可能会打破你的宁静，当你的机会面临威胁时，要反应敏捷，立即投入新的奋斗目标，同时不断进取，立于不败，才能保障更大的安全。

罗宇清，毕业于南京大学，刚毕业的时候父母就帮她在贵州老家找了一份舒适安闲的工作，是在一所大学做老师，待遇很好，又轻松。但是被罗宇清拒绝了。她觉得自己还年轻，那样安闲的工作会让她消磨自己的志气，慢慢丧失奋斗的决心。

于是，罗宇清到了自己一直向往的大都市上海，希望能为自己的人生开辟一条崭新之路。刚到上海，仅仅一纸文凭的罗宇清发现，这个社会没有那么容易就能接受一个刚从学校出来，尽管年轻，尽管是名牌大学的毕业生，自己暂时还得不到社会的认可和接受。什么本地户口啊，什么社会经验啊，都是门槛。经过一次又一次找工作的打击，罗宇清清醒地认识到，在这个大都市如果想生存下去，必须要有平和的心态和坚强的韧性，否则，生活便成了一杯苦艾酒。其实，当时在上海找一家公司谋生应不算件难事，随便几千块钱不成问题。然而，罗宇清需要的是一个让自己有更好发展机会的平台，这些小公司可以让自己维持现在的生存，但是并不能让她在上海找到立足点。

经过反复思考，罗宇清闪过一个念头：为什么要让别人来给自己提条件呢？为什么不自己创业做老板，自己给自己创造条件呢？有了创业想法的罗宇清先找了一家小公司，她边干边留心，没事便跟人聊天。原本以为没有多少人会赞同她，谁知，周围竟有好几个和她有同样遭遇的人都很支持她的想法，大家决定利用自己的专长，联手创办一家公司。她的这几位朋友，大多具有医学背景。最后，大家决定从医学检验产品入手，作为一家专业的欧美进口检验产品的代理商进行发展。

说干就干，这个年纪轻轻的贵州女孩开始了她的创业之路。申办公司，就是一个艰难的过程，但是这并没有吓倒罗宇清，她和朋友们终于筹足了资金，租下了厂房，给公司挂了牌。

从筹备到正式运营，大约有大半年的时间，公司终于蹒跚起步了。从此，罗宇清和四个差不多年龄大小的年轻人，开始了艰苦的市场开拓。可以说，在上海的这11年，工作是罗宇清生命的重心，她和大家像民工一样把原料搬上楼，又把产品搬下楼，还搞开发、搞咨询、搞销售，常常到晚上九点十点钟才回家，第二天六点半照样起床。有时，会忙一个通宵，直到别人匆匆赶着去上班的时候，她才拖着疲惫的身躯以及憔悴的脸庞赶着回家睡觉。现在回想起来，那几年的生活习惯是相当凌乱的，但也是相当令人兴奋的。罗宇清说，人在事业上应该有理想。因为有了梦，工作起来才会有目标和力量。

作为一名行政和财务主管，罗宇清觉得一个人不应只做自己能做的事，更要干自己能做到最好的事。她不满足停在一个高度上面，她想要事业更艺术化、更有创造性。因此，罗宇清钻研起了企业管理的理论与案例，大到融资、对外公关、员工培训、后勤保障，小到公司的环境布置、会议筹备，她都要求尽心尽力做好，使整个公司的管理日益规范。

到现在，罗宇清身上散发出来的已经是成功女性的光辉，她自己也没有想到，刚来上海时，是两手空空，到现在不过十年多一点，已拥有了一家业绩颇为不错的公司，而且在全国大部分地方都已成立经销点。这些，全是因为多年来自己积极进取的结果。用罗宇清自己的话说，可能因为自己是O型血吧，敢闯敢干，敢于开拓，所以，闯荡上海滩自然多了一份机会。

如果你想收获，那么必须播种。如果你想收获更多，那么必须更加辛勤播种。不要满足于目前的职位，要想着向更高职位奋斗。保持积极进取的精神和不断进取的行动，我们才有不一样的人生。在这个过程当中，免不了会遇到很多困难，有些人害怕困难一直不敢开始，有些人开始了在中途遇到困难又偃旗息鼓。这样缺乏进取意识，又怎么能够发挥自己的潜能，找到最让自己满意的位子呢？

闻名世界的科学家牛顿，一生诲人不倦。有一次，他安排给助手一个问题，需要在很短的时间里解决。过了很长一段时间后，牛顿向助手要答案，助手一脸茫然地说道："对不起，牛顿先生，这问题对我来说太难了，根本无法解决。"牛顿感到非常生气，他想：事情已经交给你很长时间了，即使问题再难也应该找到办法解决了。助手解释道："我想，除了你没人能解决这个问题。"牛顿生气了："你根本就没有去找人，也没有去想办法，你又怎么知道没人能够解决呢？我告诉你，这个问题除了你，其他所有人都能够解决。"最后，牛顿对他的助手说："你这是没有积极进取的意识，怎么能一遇到问题就偃旗息鼓呢？你应该充分发挥你的才能，直到将问题解决为止。"

在这个竞争激烈的社会，人才济济，你必须去适应你的工作，挑战你的工作，发挥你的潜能，积极进取，才能找到你在事业上的闪光点。如果想让工作来适应你，那么你就会一直碌碌无为。

第三章

忠诚，
敬业的基础

有人说，智慧和经验是金子，比金子更珍贵的则是忠诚。当你用了各种努力站在了一个适合你的位置上，在这个位置上你可以尽情发挥你的才华，展示你的能力。但是如果你连忠诚的品格都不具备，对工作不负责任，把公司的利益不当一回事，那么你不是一个合格的员工。要知道，一个对工作认真负责、对公司忠心耿耿、把公司利益放在首位的员工才是公司的好员工，公司才能把平台放心交给这样的员工去施展。忠诚，是敬业的基础，对公司、对老板忠诚，才能兢兢业业把工作做到最好。

01
忠诚是员工的职业道德

作为一个优秀的员工，首先要具备一种素质，那就是忠诚。这是员工最基本的职业道德，也是员工的立身之本。我们一旦进入某个公司，要时时刻刻把自己当作公司的一份子，当作公司的主人，对上司忠诚，对公司忠诚。忠诚的员工会受到尊敬，而不忠诚的员工会受到道德的谴责，会直接影响他在公司的利益，甚至在整个行业的名誉。

首先，我们要明白，什么叫作忠诚？忠诚是中华民族优良的伦理道德规范。古话说：为人谋而不忠乎？就是尽心为忠，赤诚无私，诚心尽力，它主要是个人的内在品德。诚者，信也。开心见诚，无所隐伏，所言、所行、内心所想相一致就是诚，就是真实不欺，尤其是不自欺。它主要是处理人际关系的行为准则。忠诚就是竭尽全力，言行一致，表里如一地做好事情。忠诚，是职业人应遵循的一种基本准则，是指对组织或个人真实无欺、遵守承诺和契约的品德及行为。这种内在品德及其践履行为，是各种经营活动得以正常进行的重要保证。一个人任何时候都应该坚守忠诚。大的方面我们要忠于自己的国家和民族，小的方面则是在日常生活与工作中忠于我们的组织、我们的领导、我们的团队、我们的工作、我们的家人、我们的朋友、我们自己的做人原则，等等。

其次，公司为什么把忠诚作为用人的基本前提？一个团体的发展壮大，需要的是每一个成员齐心协力、共同努力。如果某个员工的心与公司的利益相背离，是不可能为公司的利益着想的。每个企业都需要忠诚的员工，忠诚甚至可以被看作是组织得以发展进步的第一推动力。只有全体员工对组织心怀忠诚，大家才能心往一处聚，劲往一处使，进而最大限度地发挥出团队的力量，这样才能让我们的组织更快地驶向成功的码头，自己也能获得更大的成就感。

最后，也是每个员工最关心的问题之一，对公司忠诚跟员工个人的利益是紧密联系的。员工齐心协力，为团体的利益着想，可以壮大团体，公司有钱了，我们员工也跟着受益。反之，如果公司亏损，员工的基本工资都不一定能得到保障，甚至面临失业的危险。因此，我们应该明白，员工遵守忠诚的职业道德，于公司和个人来说，都能达到双赢的状态。

美国渥克信息公司对几千名就业者进行过一项忠诚度调查，发现有70％的被调查者对以前所服务的公司满意。然而，只有30％的被调查者对公司忠诚。同样的调查数据在2001年为6％。从某种角度看，这一变化是显著而可喜的。但是，调查结果的另一面却令人担忧：有高达34％的被调查者对雇主来讲，属于"高风险"雇员，即这些人都"身在曹营心在汉"；而另有31％的人则由于环境限制，只好在目前的公司里混日子。所以至少有2/3的雇员在公司里是危险的。

当然，上述现象不单单发生在美国，在我们中国也同样如此。一个公司里，如果每个员工都能做到忠诚，那么公司的发展绝对是如日中天。可惜的是，有很多员工都是抱着"混口饭吃"的态度，工作没有状态，随便推卸责任，对他们来说无所谓是否忠诚，还有一部分员工甚至损害公司的利益。

在影视剧中，我们看到忠心耿耿的武将为保卫疆土而战死沙场时，我们会热泪盈眶。当我们看到赤胆忠心的文臣为了人民的疾苦而向皇帝冒死进谏时，我们会热血澎湃。甚至当我们看到黑帮中一个兄弟拼死保护自己的大哥而死的时候，我们一样很感动。是的，忠诚会让我们感动，这些人忠于自己的国家、忠于自己的人民、忠于自己的领导……忠诚会产生很多奇迹，会把很多不可能变成可能。

然而，现在的社会，到处充满了诱惑，很多人热衷于追求短期的利益，内心充满了浮躁，所以，人们很容易背叛自己的忠诚，而能够守护忠诚的人就显得更加珍贵。当汶川人民遭受地震的灾害时，很多记者、医护人员、武警战士等，冒着生命危险，离开自己的家乡和亲人，在岗位上发光发热，演绎了多少动人的故事。他们一样是忠诚的，他们忠于自己的职业、忠于自己的国家，值得我们尊敬。

有个军事家说过："忠诚已经不仅仅是品德范畴的东西了，它更成为一种生存技能。"忠诚不仅是做人的一种品德，更是做事的基本准则。一个不遵守社会道德的人，会受到人们的谴责。同样，一个不遵守职业道德的人，也会受到领导、公司、同事的谴责。从古到今，没有谁不需要忠诚。皇帝需要他的臣民忠诚，领导需要他的下属忠诚，丈夫需要妻子的忠诚，妻子需要丈夫的忠诚。在职场中，人们更是奉"忠诚"为衡量员工品质的首要标准。曾经有一项对世界著名企业家的调查，当被问到"您认为员工最应该具备的品质是什么"时，他们几乎无一例外地选择了忠诚。

李嘉诚曾说："做事先做人，一个人无论成就多大的事业，人品永远是第一位的，而人品的第一要素就是忠诚。"忠诚是对事业负责的动力。忠诚的态度是敬业的土壤，在这片土壤上盛开的是世界上最美的花朵！如果你身边有非常敬业的人，那么建议你向他致敬！这种对事业深厚的情感会给人无穷无尽的财富。本杰明·富兰克林说过："如果说，生命力使人们前途光明，团体使人们宽容，脚踏实地使人们现实，那么深厚的忠诚感就会使人生正直而富有意义。"

一个忠诚于领导、忠诚于公司的员工，一个能和企业同呼吸共命运的员工，他的职业之路将铺满幸运之花，终究沿着这条路走向事业上的成功。

02

忠诚赢得信赖

在做人方面，忠诚是一个人的品质，是一个人能获得其他人认可和信任的标准之一。而具体到工作中，忠诚更能体现一个人的人格，员工的忠诚与否，直接关系到公司和组织的利益。忠诚有着其独特的道德价值，并蕴含着极大的经济价值和社会价值。一个秉承忠诚的员工，能给他人以信赖感，让领导乐于接纳。最后，在赢得领导信任的同时，他更容易为自己的职业生涯带来意想不到的好处。

一个商业品牌之所以能经久不衰，关键在于消费者对这个品牌的信任。在北京吃烤鸭，一般的店卖58元1只，有的地方28元甚至18元就可以吃到，但全聚德的烤鸭却是168元1只，葱、酱、饼还要另算钱，食客照样盈门。因为它的品牌，值得信赖！因为它对顾客忠诚，顾客信赖它。同样的，一个员工，想在竞争激烈的职场立于不败之地，你的品牌是否值得企业公司信赖呢？

在广州有一家电子公司，规模比较小，时刻面临着来自其他大规模电子厂和电子公司的压力，处境很艰难。阿文在这家公司已经待了一年多了，是一个非常有能力的工程师。对公司的这种状况，他也忧心忡忡。

有一天，一个很有名气的电子公司的技术部经理邀请阿文共进晚餐。饭桌上，这位经理竟然提出一个不可思议的条件，高价收取阿文所在公司里最新产品的数据资料。阿文听到之后，很愤怒，当场就拒绝了对方的要求："我的公司虽然效益不好，处境艰难，但我绝不会出卖自己的良心做这种见不得人的事，我不会答应你的任何要求的！"

不久后，阿文的公司就因经营不善而破产了。阿文就失去了工作，但在广东工作也不是那么好找的，他待在家里等待机会。没过几天，阿文突然接到一个电话，竟然是那家有名气的电子公司总裁的电话，这个没见过面的总裁讲话非常客气，让阿文去一趟他的公司。

阿文很疑惑，当初他得罪过这家公司啊！不过他还是去看了一下，让他吃惊的是，这家公司的总裁对他十分热情，亲自聘请阿文做技术部经理！他百思不得其解，难道他们不记仇吗？公司总裁笑着给他说："原来的技术部经理退休了，他向我说起了那件事，并特别推荐你。小伙子，你的技术是出了名的，你的忠诚更是让我佩服，你是值得我信任的那种人！"

就这样刚刚失业的阿文如此顺利得到了这一份工作。后来，他凭着自己的技术和管理水平，成了一名一流的职业经理人。

在现在这样浮躁的社会风气下，能像阿文一样做到对公司忠诚的人确实很少，而这类人正是每个公司寻觅的人才。一个优秀的员工永远不会被利欲所诱惑而做出违背道德原则的事情。如果一个人为了一丁点儿利益而出卖公司，这样的人在世界的任何角落都不会受到欢迎，因为他出卖的不仅仅是公司的利益，还有他自己的尊严和人格。哪怕是从他手中获得利益的人，也会从心底里对他产生鄙夷。

贺平是一个大型公司的销售部经理，他毕业于名牌大学，性格上比较自负。有一次，他与公司高层发生意见分歧，双方一直未能达成共识。贺平对此耿耿于怀，感觉公司高层是仗着职位高，利用职权打压他。自己明明这么强的能力却受到这样的气。贺平越来越觉得不平衡，准备跳槽到另一家竞争对手公司。

不知道这个毕业于名牌大学的贺平是为了发泄私愤，还是为了给未来的主子"献媚"，竟然头脑发热做了一件不可思议的事。在离开原来公司之前，贺平想尽一切办法把公司的机密文件和客户电话全部复印一份。又打电话或传真给各市场经销商，使市场乱成一团，并引发了很多市场纠纷，从各地市场打来的电话几乎将公司电话打爆。这还不算，他还打电话给当地工商、税务，说公司的账目有问题，虽然最后查证无此嫌疑，但却给公司带来了很大的伤害。

之后，贺平就辞职了，带着公司机密文件和客户电话的复印件来到了新公司。他把自己原来公司最近上演的所有"好戏"都解释给新东家听。新公司的老板听他讲的话和他带的复印件，顿时心凉了半截：这真是一个危险的人物！如此对待自己所在的公司，以后也很有可能对待自己这个公司。这家公司的老板很平和地笑了笑，把他请出了公司。

结果，这个贺平鸡飞蛋打，什么都没捞到，还被很多同行耻笑。

所以，要想做好事，必须先做好人，这句话一点都没有错。一个员工的所作所为得不到公司的信任，公司肯定不敢用。可靠性就是一个人的招牌，得到公司的信赖，才会被赋予重任。

全球有名的软件公司微软公司，他们所雇用的人才必须是忠实可靠的。在比尔·盖茨的微软公司、这个世界著名的"工作狂"的乐园里，员工的使命感相当强烈，求知欲极其旺盛，忠诚度也极高。抽查显示，微软的人才流动率在IT业中是最低的，这与其独具特色的用人机制是分不开的。比尔·盖茨曾总结出优秀员工要具备的10大准则，而在这10大准则中，他将"忠诚"一词列于榜首。在员工的忠诚度上，微软认为，员工的学识与经验都是可以通过后天补充的，而可贵的品质却绝非短时期内能够形成。

当别人觉得你可靠时，你获得的机会会远远多于那些不可靠的人。那么在职场上，忠诚可靠的人往往能得到用人单位的青睐。忠于公司、忠于老板，也就是忠于自己；背叛公司、背叛老板，也就意味着背叛自己。一个成功学家说："如果你是忠诚的，你就是成功的。"忠诚的员工，才能做到敬业，敬业才能造就一个成功人士！

03
忠诚比能力更重要

在我们的职业生涯中，流动是很正常的，但流动带给我们的只是环境的变化，不变的应该是我们的忠诚。这已经成为员工基本的职业道德之一。忠诚会赢得老板的信赖，忠诚的员工走到哪里都会受到欢迎和尊重。一个缺乏忠诚的人，能力再强，老板也不敢把重要的职位交给他，因为不忠诚的人不会胜任。

可靠性，是终身受雇力的重要组成部分，是胜任力的重要指标。在职场上，要让老板提拔你，你就必须可靠，首先看人品是否可靠，是否是一个朝秦暮楚、只管个人得失的人。其次，才看你的能力是否可靠。一个缺乏忠诚的人，不仅会丧失发展的机会，而且会丧失立足社会的生存资本。

有一位博士，先在某名牌大学修完了法律课程，又在另一名牌大学修完了工程管理课程。毕业后，博士应聘去了一家研究所，并凭借自己的才华，研发了一项重要技术，得到了领导的赏识。然而，研究所的待遇并不是那么诱人，这个博士心理有点失衡，这样差的待遇跟自己如此强的能力实在不匹配。

于是他就跳槽到一家私企，在这个公司里，他可不想得到在研究所那样的待遇了，反正是自己研发的技术，何不据为己用呢？于是他跟公司的老板做了一个交易，他把那项技术出让给公司，而他要坐上公司副总的位置。自然，交易成功了。博士在这家公司的发展确实还挺顺利。然而，他又不是那么容易满足的人，不到三年，他又跳槽到另一家公司，又故技重施出卖了前一家公司的机密。就这样，他先后背叛了不下五家公司，以至于北京的大公司都知道了他的品行，不再用他。

直到最后，这位博士才发现，原来受打击最严重的并不是那些企业，而是他自己。因为被贴上了"不忠诚"的标签，他被多个企业列入了黑名单，几乎每一个了解他情况的老板都明确表示，绝对不会聘用他。

本来是如此优秀的人才，理应工作顺利，事业飞黄腾达。可惜啊，他心术不正，人品太差，这样的人终究会被职场所淘汰。面对诱惑，不少人都禁不住考验而丧失忠诚，昧着良心出卖一切。其实，在他出卖忠诚的同时，他也出卖了自己。才华出众，不代表你就能赢得好的事业，缺少了忠诚，谁也看不上你的才华。仅仅为了个人利益就放弃忠诚，将会成为一个人职业生涯中永远抹不去的污点。

我们设身处地地想一想，一个企业很有可能是老板的毕生心血，他怎么可能将自己的心血交给一个不忠诚的人呢？因此，任何时候都不要背叛企业，如果你觉得这个企业不适合你，你可以选择离职，但请不要将企业的商业秘密泄露给其他人，因为一次背叛就会被扣上不忠诚的帽子。如果你被别人认定是一个不够忠诚的人，那么你的前途就有可能受到影响，并且很有可能你会因此走到事业的尽头。

其实，每一家公司在录用人才的时候，都很看重一个人是否忠诚。因为他们相信，如果一个人可以对原来的公司忠诚，那么他也可以对自己的公司忠诚。

肖飞在一家网络公司做技术总监，后来由于企业改变发展方向，他觉得这家企业不再适合自己，决定换一份工作。

肖飞毕业于名牌大学，工作经历也是相当不错的，所以找一份工作不成问题。但是他还是希望能进一个大公司。后来有一家大型企业招聘技术总监，这家企业在全美乃至世界都有相当的影响，很多IT业人士都希望能到这家企业工作。肖飞也参加了应聘。

负责面试的主考官是该企业的人力资源部主管和负责技术方面工作的副总裁。对肖飞的专业能力他们并无挑剔，但是他们提到了一个很奇怪的问题：

"我们很欢迎你到我们企业工作，你的能力和资历都非常不错。我听说你以前所在的企业正在着手开发一个新的适用于大型企业的财务方面的应用软件，据说你提出了很多非常有价值的建议，我们企业也在策划这方面的工作，你能否透露一些你原来企业的情况，你知道这对我们公司很重要，而且这也是我们为什么看中你的一个原因。"

副总裁用很期待的眼神看着肖飞，肖飞顿时觉得心都凉了，怎么还有这样的公司，他很气愤地说："不好意思，我不想回答你这个问题，看来市场竞争的确需要一些非正当的手段。可惜，我没有那个能力！"他转身就走，突然又回过头对那个副总裁说："你们希望看到你的员工在离开你的公司之后给其他公司透露情况吗？告诉你们，我有义务忠诚于我的企业，任何时候我都必须这么做，即使我已经离开。与获得一份工作相比，忠诚对我而言更重要。"

回来之后，肖飞知道自己肯定没戏了，不过他并没有因此而觉得可惜，他为自己所做的一切感到很坦然。

出乎他意料的是，没过几天，肖飞收到了来自这家企业的一封信。信上写着："你被录用了，不仅仅因为你的专业能力，还有你的忠诚。"肖飞恍然大悟，原来他们用忠诚作为员工的试金石！

　　一个员工如果不能忠诚于自己原来的公司，他也很难忠诚于别的公司。忠诚是一种传统的美德，更是做人的基本道德素质之一。在市场经济大潮中，市场经济竞争的战场虽无硝烟弥漫，但却异常炽热，在这场没有刀光剑影但却旷日持久的战役中，忠诚最能考验一个人，也最能成就一个人。禁得住考验了，你就是一个成功的人！

　　然而，我们说忠诚比能力更重要，并不是说能力就不重要了。现在的企业招聘人才需要的是"德才兼备"。企业在发展过程中，不仅需要员工忠心耿耿，还需要他们有扎实的专业知识，较强的发现问题、解决问题的能力，这样，才能保证企业在日益激烈的市场竞争中始终立于不败之地。

04

你是"跳蚤族"吗

一个德才兼备的员工是每个企业都欢迎的，一个德才兼备，同时又勤勤恳恳工作的员工更是每个企业难得的"宝"。而缺乏忠诚度、"这山望着那山高"频繁跳槽的员工，则是每个公司所头疼的员工。其实成为"跳蚤族"的一员，对于企业来说自然有所损害，但从长远来说，损害的还是员工自己的利益，降低了员工自身的价值。

人都是自私的，企业也是一样，它不可能不为自己的利益着想，招聘那些没有忠诚度、简历表上换了很多工作的员工。许多公司花费了大量资源对员工进行培训，然而当他们积累了一定的工作经验后，往往一走了之，有些甚至不辞而别。公司浪费了大量的培训费不说，这些人辞职之后公司又得重新招聘新员工，再次培训。

西门子中国有限公司很重视员工的技能培训，一批员工经过几年培训下来，就会成为公司的得力骨干，他们已经有能力解决公司遇到的实际问题。不过，西门子招聘这些员工的时候还是有条件的。公司曾明确表示："那些每半年、一年就换工作的人我们是不会要的。"西门子在招聘时，如果看到应聘者的简历上有着经常跳槽的记录，这样的人西门子是绝对不会录用的，甚至连面试的机会也不会给。他们认为，这样的员工缺乏对企业最起码的忠诚度，这样的人再有能力、再有经验，也不会为企业带来太多的价值，同样他自己也难以在企业中实现自己的价值，企业是绝不会冒风险来录用他的。

在西门子刚进入中国的时候，一个分公司曾招了一批员工，并经过大力培训最终成为业务骨干，一时间，企业的订单不断，利润大增。分公司老板对这批骨干也是宠爱有加，嘘寒问暖，加薪宴请。这样好的待遇，不信这些骨干不好好干！

不过，这也只是公司老板的一厢情愿而已。好景不长，那些业务主管做了几年业务下来，脑子就"活络"了，心想：手里有现成的业务骨干和客户群，如果把这群业务骨干挖走，做西门子产品的代理，能自己单干，那一定比在这里打工有发展。

有了这种念头，其中一个业务主管就开始偷偷地自己联系业务，为了给自己拉拢更多的客户，他开始给一些客户吃回扣。最严重的一次，他竟然在与外商谈判时在中间做手脚，结果导致企业损失惨重。

老板知道后怒不可遏，把包括业务主管在内的这批业务人员全部炒掉。这让企业元气大伤，这个经历在分公司老板心中留下重创，阴影难消。后来他明确规定，在以后招聘员工时，一定要保证员工的忠诚度，哪怕他的知识水平差点，经验不足，这些都可以通过培训来弥补，但如果员工缺乏对企业的忠诚，即使他是天才，也要将其拒之门外。

忠诚公司，从某种意义上讲，就是忠诚自己的事业，就是以不同的方式为一种事业做出贡献。而把公司当作自己的培训学校，不仅可以学到专业知识，还能有薪水，感觉自己翅膀硬了，就开始单飞了，有的还偷挖公司的墙角，这样的员工何谈忠诚！

当然，以上所说只是"跳蚤族"跳槽的原因之一，这是跳槽中比较潇洒的一类。潇洒一类的还有一种情况，就是那些禁不住诱惑的员工。公司经过培训，使员工在这一个领域中已经具有一定的名声。人有名气了，自然会有更多的人关注，于是其他竞争对手公司会私底下"挖"人才，给他更高的待遇，很多员工禁受不住诱惑，就跟着去了。这样的员工，就算去了这个公司，也不一定能得到公司的信任，不会给予重用。他们过高估计了自身的实力，以及对那些向他们频频挥手的公司抱有过高的期望。当这种风气蔓延到整个商业领域时，许多具有一定忠诚度的员工也受到传染而投入跳槽大军中，使整个职业环境继续恶化。

著名银行家克拉斯年轻时也不断在变动工作，但是他始终抱有一种理想——管理一家大银行。他曾经做过交易所的职员、木料公司的统计员、簿记员、收账员、折扣计算员、簿记主任、出纳员、收银员等，试了一样又一样，最后才接近自己的目标。

他说："一个人可以有几条不同路径达到自己的目的地。如果能在一个机构里学到自己所需的一切学识和经验当然很好，但大多数情况下需要经常变化自己的工作环境。面对这种情况，我认为他必须懂得自己想做什么，为什么要这样做。

"如果我换工作仅仅是为了每周多赚几块钱，恐怕我的将来早为现在而牺牲了……我之所以换工作，完全是因为现在的公司和老板无法再给我带来更多的教益了。"

你要明白你的方向是什么，目标是什么，你想要什么，时刻思考换工作对自己将来发展有没有好处。从职业角度，换工作是很正常的，但是这种转换必须依托于整体的人生规划。盲目跳槽，虽然在新公司收入能有所增加，但是，一旦养成了这种习惯，跳槽不再是目的，而成为一种惯性。

关于"跳蚤族"还有不潇洒的一类人，这类人缺乏一种坚持的心态，在现在的工作上遇到困难和挫折不敢去面对，感觉这份工作"或许"不适合自己，还不如换一份，说不定下一份工作会更好呢！

王晶刚进入公司就得到一个出国的机会，被公司派驻国外，她原以为出国工作会有多风光，没想到这一年工作一点都没让她闲着，过的简直是监禁般的生活。

一年后，她终于被调回国，在国外一年的监禁生活也不是白过的，她学了不少业务方面的经验，运用这些经验，王晶开始大展拳脚，没多久就升到业务经理的职务。

天有不测风云。王晶的职场生涯不会那样顺利，就在她担任业务经理期间，遇到了一个大挫折，市场行情大幅度下滑，而年纪轻轻的王晶对此没有经验，应变措施不力，给公司造成了严重损失。公司追究责任，身为业务经理的王晶要承担主要责任，因此被降为一般职员。一个对公司有重大贡献的人被降为普通职员，这使她甚感屈辱。

王晶好几次都想辞职一走了之，但是她还是忍住了，毕竟那次事故确实是自己的责任，吃一堑长一智，要总结经验才对。她告诉自己，以前的光荣历史已成为过去，重要的是如何应对未来，她在内心不断地激励自己："绝不气馁、绝不罢休。"因此，就算在做普通职员期间，王晶一样勤勤恳恳。

王晶这种从逆境中突破、迈向未来的奋斗精神得到了回报，一年之后，她被分配到另外一个部门，并经过自己的努力，又一次获得升职。

工作中一旦遇到挫折，应该立足于现实，及时调整好自己的心态。如果你有足够的耐力及实力，就一定能东山再起、再展雄风。如果因不敢面对困难而选择跳槽，就算下一份工作你可能也会遇到这样的困难。

频繁跳槽对于我们来说弊端很多，总是跳槽，很难对所从事的行业有深入的了解。刚开始几年升得快，以后就很难升了。而且公司在招聘的时候，对于跳槽频繁的人，用得多，培训得少。我们的能力很难得到提升。而做一个忠诚的员工，会赢得公司的培训机会、岗位轮换的锻炼机会。而且在所在的这个行业里名声会很好，会得到业内人士的赞赏和尊敬。

　　所以，告别"跳蚤族"，既然选择这份工作了就好好做，干一行爱一行，忠诚敬业的员工职场之路会顺利很多！

05

公司的利益关系你的口袋

衡量员工对公司忠诚的标准之一就是，员工是否把自己的利益和公司的利益结合起来。一个企业从创办开始，它的目的就是创造利润，所以老板雇用员工的目的之一也是为了创造利润，这是不争的事实。同样的，一个员工进入公司，他通过劳动也是为了给自己创造利润，但是只有通过劳动为企业创造价值，使企业获得利润，员工才能获得报酬，才有稳定的生活保障。因此，公司的利益与你的薪水息息相关。

一个忠诚的员工能时刻想着公司的利益，他明白公司发展好，自己的腰包才会鼓。所以，他对工作敬业，踏实勤奋。惠普公司创始人比尔·休利特和戴维·帕卡德曾经说："只有在员工为公司创造出丰厚利润的条件下，他们的奖金和工作才能得到保障。公司只有实现了盈利，才能把赢得的利益拿出来与员工分享。"

王蕾刚从学校毕业，找到一份销售厨房用具的工作，她的工作内容是上门去推销厨具。对于性格本来有点内向的王蕾来说，这个工作还是有点难度。但是既然都选择这个工作了，她必须去面对。

当时公司规定一套厨具的定价是3000元，这在收入较高的大都市并不是一个大数目，然而顾客们对上门推销这种方式都非常反感，对上门推销的产品也信不过。一个星期过去了，王蕾没有拿到一份订单。与王蕾同时进公司的十多位同事，有两个顶不住，主动辞职了。看来也并不是她一个人感觉到难嘛，王蕾给自己打打气，绝不能放弃！

又过了几天，有两个同事见实在有点难度，于是搞起了降价销售，最低时卖到2500元，价格低毕竟具有竞争优势，更何况厨具质量确实不错，同事的订单果然纷至沓来。于是，其他同事争相效仿，一时间价格一片混乱。王蕾心想，这是公司的定价，降价销售现在虽然订单少对公司没有什么损失，如果都降价的话，以后的市场再调整价格就很难了。王蕾坚持公司的定价，有好几次她说服了客户，最终却因为价格太高而没能成交。

一个月的试用期满后，总经理把所有的推销员召集到一起开会，王蕾知道自己可能没戏了，她一个月的努力才换回来两份订单，而其他同事，少则10份，多则30份。

经过考核，到了决定这些推销员去留的时刻了，总经理宣布："经过公司的研究，决定在你们当中留下一人，留下者底薪1500元，住房补贴200元，奖金按销售额的20％提成。"

每个人都很紧张这个留下来的人是谁，没想到总经理居然宣布了王蕾的名字。在场所有人都感到意外，总经理接着说道："她只有两份订单，但是，她的两份订单都是按公司定价签下的。公司早有规定，不得抬价、降价，我希望我的员工能忠于本公司。还有，公司的定价已经全面考虑了员工和公司的利益，为了争取订单而不惜损失自己应得的那部分利益，这也许并没有什么大错，但你们辛辛苦苦地工作为了什么？我希望我的员工认识到自己工作的价值，不仅有为企业盈利的观念，更要有为自己盈利的观念。"所有的人都低下了头，这份工作不管是否得到，但是确实学到了这个宝贵的职场经验。

"利润至上"，任何一家公司为了生存和发展都会秉承这一原则。每一个员工都要明白，我们的劳动虽然是为公司创造利润，但也是为我们自己创造利润，体现了我们劳动的价值。现在很多员工却不这样想，总感觉自己辛辛苦苦为老板打工，老板就给那么点工资，工作这么久都没有给加工资。就开始了无穷无尽的抱怨，哪里能好好工作呢！但是他们怎么不问一下自己，老板凭什么给他们加工资？等你把公司的利益当作你自己的利益，为公司创造收入了，那么你的收入自然就增加了。

一个优秀的员工，并不是要员工只听话，更要求员工把公司的事当作自己的事，与公司一起创造利润。

有一家公司投资了5000万元人民币在一个桥梁工程上，结果投资失败，成了一笔死钱。本来公司的财务就紧张，这样一来，公司的发展一下子受到阻碍，老板心事重重。

这天，老板正在办公室思考这一切怎么挽救过来的时候，突然门开了。策划部经理王娜一脸严肃，这是一个心直口快的姑娘，开口就问老板："您认为您的公司已经垮了吗？"老板很惊讶，说："没有！""既然没有，您就不应该这样消沉。现在的情况确实不好，可很多公司都面临着同样的问题，并非只是我们一家。而且虽然您的5000万元人民币砸在了工程上，成了一笔死钱，可公司没有全死呀！我们不是还有一个公寓项目吗？只要好好做，这个项目就可以成为公司重振旗鼓的开始。"

说完这些话，王娜拿出那个公寓项目的策划文案。老板大概看了一下，心里有了眉目。过了几天，老板就把这个项目交给了王娜去做。

这个雷厉风行的女孩子，用了两个月时间把那片位置不算好的公寓全部先期售出，王蕾为公司拿到8000多万元人民币的支票，公司终于有了起色。

以后的四年，王娜作为公司的副总经理，帮着老板做了好几个大项目，又忙里偷闲，炒了大半年股票，为公司净赚了600万美元。

又过了四年，公司改成股份制，老板当了董事长。董事会要聘请一位总经理，有很多副总都很优秀，纷纷被推荐，而董事长极力推荐王娜，最后王娜成为新公司第一任总经理。王娜说："我为公司炒股盈利了，许多炒股高手问我是如何成功的，我说一要用心，二没私心。"确实，很多人一面在为公司工作，一面在打着个人的小算盘，怎么能让公司盈利呢？

你的财富不是来源于你光为自己考虑的小算盘，而是来源于你对公司的忠诚度。忠诚是一个员工的优势和财富，它能换取老板的信任，从而转化为金钱上的财富。金钱在你的卡上增长，而你的人格魅力也在增长。

企业永远有一个岗位是缺人的，那就是为企业和团队赢得利益的人。在一家企业里，即使你是能力最强的人，也不表示你是最有价值的人。只有那些有长远目标、有想法、有创意，能为企业赚到钱的人才是企业最需要的。作为一名员工，要时时以企业提升业绩为己任，努力为企业创造利润，伴随企业的成长而成长。为企业盈利，创造最大的财富是企业老板和员工的一致目标。

06
和公司同呼吸共命运

　　忠诚是一种强烈的归属感，好员工不仅要意识到自己属于这个企业，而且认为自己必须为企业做些什么。你要忠诚于公司，忠诚于老板，就要努力地工作，支持老板，为他出谋划策，帮助他完善管理上的不足。公司就是你的衣食父母，要与公司同呼吸共命运，公司好，员工的明天才会更好。

　　如果你把企业的成长当成自己的责任，那么企业就会为你创造成长的机会；如果你以积极的热情和全心全意的努力对待企业中的各种事务，那么你的事业、你的精神就会在企业中得到最大的进步；只要你的行为和态度切实推动了企业的成长，那么企业就一定会给予你相应的回报。对企业和公司抱有高度责任感，与公司同进退的员工，就是成功的幸运儿！

　　曾任Google中国区总裁的李开复，早年在苹果公司从事技术工作。有一段时间公司的经营状况欠佳，员工们士气低落。李开复经过细心调查，很快发现一个问题：苹果公司有许多很好的多媒体技术，可惜因为没有用户界面设计领域的专家介入，这些技术无法形成简便、易用的软件产品。于是，李开复写了一份题为《如何通过互动式多媒体再现苹果昔日辉煌》的报告。

　　这份报告引起了公司高层的注意，并被送到多位副总裁的手里。最后，公司决定采纳这个建议，发展简便、易用的多媒体软件，并且任命李开复出任互动多媒体部门的总监。

多年以后，李开复又遇到了当初的一位上司，后者深有感触地对他说："当年，看到你提交的那份报告我们感到十分惊讶。以前，我们一直把你当作语音技术方面的专家，没想到你对公司战略方面的把握也这么在行！如果不是这份报告，公司很可能会错过在多媒体方面的发展机会，你也不会有升任总监和副总裁的可能。今天，苹果公司能这么成功，有不少功劳要归功于你和你那份价值连城的报告。"

员工为公司创造了利润，公司为员工创造了成长的机会，奠定了员工的事业基础，这就达到了双赢的状态。面对公司的事务，不要说跟你无关，怎么会跟你无关呢？如果你有某方面的能力，就充分地发挥出来，为公司出谋划策，虽然为公司出了一个好点子，但受益的还是你自己。公司老板会信任你，其他同事会佩服你，这对你的事业发展绝对是有利的。

城门失火，殃及池鱼。员工与公司是唇亡齿寒的关系，互惠互生。就像自然界中一些生物，如非洲热带雨林中的大象、犀牛等，它们身体表面往往会有一些寄生虫，一些鸟类等小动物也栖息在它们身上，以这些小寄生虫为食，同时，大象、犀牛等也避免了寄生虫对它们的侵害，可谓是互惠互利。

数百年前，面对国破山河在的境况，有一位爱国志士高声呐喊："天下兴亡，匹夫有责！"国家与公民也是这样的关系。企业的成长发展依赖企业内每一名员工的成长和进步，每一个员工的进步都会推动企业的成长；同时，企业得到发展又会给企业的员工提供更好的发展机会和福利待遇。

我们在公司工作，公司的生死存亡，都与我们密切相关。公司发展好了，员工的前途自然一片光明；一旦公司走了下坡路，甚至破产，员工可就要面临失业的危险。从这一点理解，每个员工都必须在心里认定一个道理：公司兴亡，我的责任！

就在一年一度旅游旺季即将到来的时候，一家原本经营效益不错的旅行社却被竞争对手揽走了大部分的业务，这导致旅行社陷入了前所未有的危机。

老板觉得很对不起公司的员工，就向员工宣布："公司的资金周转暂时出现了困难，如果有人想辞职，我会立刻批准。要是在以前，我会极力挽留大家的，如今我已经没有挽留的理由了。现在给你们大家多发两个月的薪水，在你们找到新的工作之前，这些钱可能还够用。"

"老板，我不想走，我不能在这个时候离开。"一个员工说。

"老板，我们一定会渡过难关的。"另一个员工说。

"是的，我们大家都不愿意走。"很多员工都表明了自己的态度。

于是，公司上下一心，共同努力，很快恢复了公司的经营业务。这家旅行社不仅没有倒闭，甚至比以前做得更好。

事后，老板深有感触地说："感谢我的员工，在公司最危难的时刻，是他们的忠诚帮助公司战胜了困难。"

对于公司来说，忠诚不仅使公司的效益得到大幅度的提高，还能增强公司的凝聚力，使公司更具竞争力，能让公司在变幻莫测的市场中立于不败之地。对于员工来说，忠诚能使员工更快地与公司融合于一体，真正地把自己看成是公司的一分子，更有责任感，对将来也更加拥有自信。就像例子中的老板和员工，团结起来，只要大家在一起，还有什么困难过不去呢！

正如美国海军优秀士兵价值准则中规定的那样：把我所服务的组织视为"这是我们的船"。如果把工作组织比作航船，忠诚的人总是坚守着航向，即使遭遇大风大浪，他们也能冷静地掌稳船舵，驶向成功的彼岸。一个发展前景良好、势头强劲的企业，必然是全员齐心协力、荣辱与共、共谋发展的结果。

沃尔玛是全美投资回报率最高的企业之一，其投资回报率为46％，即使在不景气时期也达到32％。沃尔玛的历史远没有美国零售业百年老店"西尔斯"那么久远，但在短短的三十几年时间里，它就发展壮大成为全美乃至全世界最大的零售企业。当前，沃尔玛的经营哲学、管理技能已经成为全世界管理学界的热门话题，当然这也包括其成功的人力资源管理。

在沃尔玛，员工有一个著名的称谓——"合伙人"。一方面，沃尔玛把企业领导称为公仆，而另一方面又把员工称为合伙人，这与许多企业强调管理者的领导地位迥然不同。

为什么会这样呢？这是因为，沃尔玛非常看重员工的责任感和忠诚度，所以，企业以其对员工平等相待的态度来赢得员工对企业的忠诚。

"合伙人"的概念把员工的心和公司统摄到一起，员工们才把公司当成自己的家，遇到风雪的时候，家人在一起顶过去。遇到阳光天气，家人在一起享受日光浴。与公司一起成长，公司壮大了，你也进入成功人士的行列！

第四章

热忱，
敬业的灵魂

成功者往往属于那些满腔热情的人，他们坚持自己的理想，用积极向上的态度面对困难和挫折。有一颗热忱的心，奋斗就永不停歇。一个敬业的员工，往往能认识到工作的真正价值，意识到自己选择这个工作的意义。保持这种热忱，你将会更快乐地投入工作。对工作抱有很大激情的员工，才能做到敬业。每个企业都欣赏这样的员工。

01
感谢你的工作

无论做什么事情，我们时刻要懂得感恩。感谢父母给了你生命，感谢亲人给了你支持，感谢好心人给了你帮助。抱着一颗感恩的心，不要把这些视作理所当然。身在职场，对你现在的工作，一样要心存感恩，感谢我们的工作和老板，让我们获得物质可以生存，还给了我们一个展示才华的舞台，一个实现自我价值的舞台。

一个懂得感恩的员工，会在工作中找到快乐，在工作中燃烧激情。一种感恩的心态可以改变一个人的一生。当我们清楚地意识到无任何权利要求别人时，就会对周围的点滴关怀或任何工作机遇都怀抱强烈的感恩之情。因为要竭力回报这个美好的世界，我们会竭力做好手中的工作，努力与周围的人快乐相处。结果，我们不仅工作得更加愉快，所获帮助也更多，工作也更出色。

感恩的心态，可以挖掘员工身上的潜能。每一个人的潜能就像一座宝藏，感恩就是开掘这座宝藏的引路灯。怀着一颗感恩的心去工作，开启智慧，带给企业最大化的利益，最终你将成为职场中的一棵常青树。

丽莎是某空调公司里一个普通质检员。当初她找到这份工作的时候，正是最落魄的时候，因此她非常感激上天能给予她这个工作机会。

丽莎是一个非常细心的女孩，有一次她在检验空调的时候，发现冷凝器上有油脂，在大批量检验完后，水便会浑浊，一天要换好几次，每次都用掉近10吨水，很浪费。按照一般人的做法，肯定向上司汇报一下情况就完事了，反正浪费的都是公司的水。但是丽莎想，自己也是公司的一员，如果自己能把这个问题解决了不是更好吗！

经过反复思考，丽莎想出了一个可以节约用水的好办法：根据不同大小的机型，水位不必一样高，有的可以调低，这样就会节约很多水。经过实验以后，这个方法果然可行！丽莎把浪费水的情况汇报给上级，同时拿出自己的解决方案，上级一下子对这个其貌不扬的职位低微的女孩子有了不一样的看法。在公司管理阶层的鼓励下，后来，丽莎又连续提出了4项合理化建议。

虽然丽莎做的是非常简单的工作，但是由于她对自己的工作心怀感恩，尽心尽责去面对自己的工作，在简单中发现了不简单的问题，为公司节省了不少成本。这种员工自然能得到领导的赞赏，公司也会给她更大的平台来锻炼。

工作中，一个人一旦心怀感恩，不论做任何事都能心甘情愿、全力以赴，当机会来临时才能及时把握住。但是有很多人，往往视工作为负担，埋怨老板不理解员工，埋怨同事不主动帮助自己，在工作的时候就心不甘情不愿的。这样的员工，不懂得感恩，连最起码的做人都不懂，怎么能把工作做好呢！

与老板相处是一个很大的学问，不是要你怎么去跟老板玩心眼，只要员工理解老板，以一颗感恩的心来感激老板，员工付出十二分的努力，为公司创造利润，老板没有理由不喜欢这样的员工，至于加薪啊，升职啊，都不成问题了。反之，员工不理解老板，处处埋怨老板，工作应付了事，老板怎么可能喜欢这样的员工呢！

李建是一家集团公司旗下分公司的总经理，他能力很强，工作成绩很突出，用了一年时间使公司扭亏为盈，深受上级领导和很多下属的敬佩。

公司有一位老职工，是公司元老级的员工，一直以来都不喜欢年轻的总经理。有一次，这位老员工故意矿工，而且还考勤作弊。李建听说之后很气愤，按照公司的规章制度对他实施了罚款，还通报批评，处理得比较严重。老员工更加愤恨李建，认为李建是故意整这些老员工，一直耿耿于怀，寻机报复。

年底的时候，总公司对下属企业进行年终考核。这是一个大好时机，老员工在公司待的时间久，认识总公司的一些领导。他就联合公司其他一些对李建有意见的员工，一起到总公司告状，还写了很多的无中生有的材料，提出了很多公司发展中存在的问题。

总公司对这些老员工讲的话比较重视，也暗暗调查了这件事。虽然是暗中调查，但还是有一些人知道了，怕连累自己，一些曾经支持李建的人和上司都因此与他保持距离，甚至有的人还添油加醋。

李建只在公司待了一年，对于公司潜在的这些人际关系并没有摸清楚，一时间处于被动地位，他感觉十分为难。还好，总公司一位副总一直很赏识李建的才干，对这些造谣生事的人很反感，于是就带了总公司的几个人来，宴请了李建及其手下所有的中层，对他的成绩给予充分肯定，并说了很多鼓励的话，说总公司审查后确认没有问题。这位副总的肯定给了李建很大的支持，从此他非常感激这位副总，经常在他本人面前表示感激，也经常在很多的场合说出自己的感激之情。

受到了帮助的李建更加认真地投入工作，业绩也一直在增加。很快，他就被提拔到了总公司。

感恩既是一种良好的心态，又是一种奉献精神，当你以一种感恩图报的心情工作时，你会工作得更愉快，你会工作得更出色。李建用感恩的心态为自己赢得了更大的尊重和信任，从而更快乐地投入工作，为自己的事业铺路。

　　一个对老板、对公司感恩的员工，将会得到公司对他的回报。一个对社会、对人民感恩的企业，也将得到社会和人民的回报。

　　2006年，广州丰田凯美瑞轿车累积销售6.1254万辆，刷新了国产中高级轿车投产当年的产销纪录。尤其值得注意的是，达到这一纪录的广州丰田只用了半年时间。这样的成绩在汽车行业是非常优秀的。

　　之所以取得这样的成绩，与丰田公司的企业精神是分不开的。公司每一个工人都有一张名片大小的彩色卡片，上面印着"广州丰田宪章"，里面有"以人为本"的字样。最让人感兴趣的是"企业精神"里那句具有中国传统特色的话："感恩戴德，饮水思源。"对这八个字，广州丰田执行副总经理袁仲荣这样解释：

　　"作为一个刚踏入社会的人来说，他应该对他的父母、老师心怀感恩；进入社会以后，对同事、朋友，对培养自己的企业，也需要充满感恩。每个人要时刻心怀感恩，在营造团队的时候大家就会更加互相理解，更容易做换位思考，这样，就有可能创造一个和谐的环境气氛，对工作开展也是非常重要的。

　　"你知道招聘大学生的时候，我会问他们什么问题吗？我会问，你是农村来的吗？他如果说是农村来的，我会再问，你能讲讲你的父母吗？我认为，如果一个农村孩子连自己父母都羞于启齿，那么这个人的道德观就有问题，这样的人我根本不会让他进入公司。

　　"当然，公司对员工也应怀有感恩之心，因为企业的发展是由每个员工来完成的，企业应尽力为员工提供美好的未来。为此，我们已做了许多提高员工技能和福利的事。我们公司非常尊重人性，例如，工作服不一定是夏天最好的服装，所以我们就统一置办了透气排汗的T恤衫。"

　　公司喜欢有感恩之心的员工，也在对员工感恩，对国家感恩，对社会感恩，对人民感恩。他们的格言是：上下同心协力，以忠诚开拓事业，以产业的成果回报国家，将研究与创造的精神深植心中，不断研究与开发，站在时代潮流的前端，戒除奢侈华美，力求朴实与稳健，心存感激而生活。

正是感恩戴德，饮水思源的企业文化，丰田员工才具备了尽职尽责、全身心投入工作的热情，有了为社会、为公众服务的责任感。也正因为如此，社会给予了丰田丰厚的回报，使它成为世界汽车业中的骄子。

也许你现在的工作不是很好，压力比较大，工资比较低，也许你的上司比较苛刻，也许你的同事比较自私……然而，不要把注意力集中在指责和埋怨上，抱着感恩的心对待他们，对待工作，你将会发现心态逐渐趋于平和，各种问题带来的压力也会减小。你还会发现感恩的心换来更多的惊喜，老板对你的看法会变好，同事跟你的相处也没有那么自私了，你的工作也将越来越顺利！

每天能带着一颗感恩的心去工作，相信工作时的心情自然是愉快而积极的。积极的态度，将带来积极的结果！

02

越是抱怨，脚步越慢

我们在日常工作中，发现很多人有满腹的抱怨和痛苦：抱怨薪水太低、付出太多，抱怨考核制度不公平，抱怨领导独断专横，抱怨管理混乱……越是抱怨，越不愿意付出，不付出的结果就是回报越少……就这样形成一个恶性循环圈。因此，这就说明，抱怨只能让你的脚步越慢。

抱怨有时候是一种发泄，可以理解，但是一旦抱怨频繁，你的行动也就跟你的抱怨一致了。很多企业都不缺乏这样的员工。他们工作不顺利，甚至时刻面临失业的危险，但是他们并没有把原因归结到自己头上，反而不停地去埋怨别人，埋怨老板，埋怨其他同事，或者抱怨命运的不公平。抱怨就占了生活的一部分，浪费了时间和精力。殊不知，如果把这些抱怨花费的时间和精力用在工作上，他们并不会面临失业。

波利在一家出售皮鞋的商店工作，一直工作了七年，依旧是一个平凡的售鞋员。他十分苦闷，就去教堂找牧师诉说：

"上帝啊，我在这里服务了七年了。整整七年啊，这家店的老板根本就不重视我，目光短浅，丝毫看不到我的潜力，从来没有赏识过我的工作业绩，我付出那么多，结果还是那么低的薪水，为什么呢？……"

在教堂波利没有找到确切的答案，牧师只告诉他要"心平气和"。心情沮丧的波利回到鞋店，正好有位顾客走到他面前，要求看看袜子。波利对这名顾客的请求不理不睬，依旧想着刚才自己在教堂的牢骚，越想越气愤。顾客看波利不理会他，等了一会，面露不悦的神色，转身就走。波利突然回过神对顾客的背影说："这儿不是袜子的专柜。"

那位顾客回头问："袜子专柜在什么地方？"

波利回答说："你问总服务台好了，他会告诉你怎样找到袜子专柜。"

这一切被鞋店老板看得清清楚楚。

又过了三个月，鞋店老板开了一家分店，本来是需要人手的，却把波利解雇了。波利百思不得其解，随即又恨老板：这真是一个有眼无珠的老板，没有良心，辛辛苦苦为他工作了七年多，都没有落得一个好下场……愤怒过后，他又拍着胸脯：此处不留爷，自有留爷处，像我这样一个学历不低、年轻有为的小伙子，还愁找不到一个体面而有前途的工作？！一定会遇到一个赏识我的老板！他一定会给我升迁和加薪的机会。

波利开始漫长的找工作的道路，面试了很多个他都不满意。每次参加面试回来，他会跟家里人说，这个老板很苛刻……连面试都在抱怨的人，工作怎么可能好找呢！

世界上有很多伯乐，但是你是不是千里马呢？这些可悲的只知抱怨而不努力工作的人，他们从不懂得珍惜自己的工作机会。他们不懂得，丰厚的物质报酬是建立在认真工作的基础上的；他们更不懂得，即使薪水微薄，也可以充分利用工作的机会提高自己的技能。他们在日复一日的抱怨中，徒随岁长，而技能没有丝毫长进。像波利这样的人太多了，这样的状况是他们自己造成的。

喜欢抱怨的人，是不会快乐的。在他们眼中，很多人都是与他们为敌的。特别是自己的领导和老板，他们处处打压自己，于是在抱怨者的嘴里，听不到一句关于老板的好话。他们抱怨这个社会对他们不公平，所以身边的人他们都不喜欢。结果导致自己每天过得郁闷又贫穷。

有一个三口之家家徒四壁，儿子瘦得皮包骨，爸爸、妈妈只好带着孩子到街口乞讨。然而一整天的乞讨没带来丝毫收获，小孩快饿晕过去了。爸爸、妈妈非常着急，他们只好祈祷上帝拯救他们的儿子。

上帝见他们也可怜，于是就派遣使者来到他们身边。使者对这一家三口说，我可以为你们每人实现一个愿望，这家人听了将信将疑。先是孩子的妈妈迫不及待地对使者说："我要一整车的面包，让我的儿子吃得饱饱的！"话音刚落，眼前便真的出现了一车面包。孩子的爸爸先是非常惊奇，转而又怒火中烧——不断抱怨妻子没头脑，浪费这么好的机会只换来了一车不值钱的面包。当使者问他有什么愿望时，他愤怒地说："我不要这些廉价面包，请把这笨女人变成一头蠢猪！"刚说完，孩子的妈妈果真变成了一头猪，面包也突然消失了。这可把孩子吓坏了，他看着眼前的"猪"不住地伤心哭泣，小男孩赶紧哭着对使者乞求："求求您，我不要猪，我要妈妈！"瞬间，妈妈又真的变回来了。使者很无奈地说："我已给了你们希望了，但是，你们因为抱怨把机会全浪费了。"说完，使者就消失了。一家三口又回到了之前的状态，没有面包、没有猪，孩子饿得直哭。

抱怨会让得到的东西失去，会让得不到的永远都得不到。好运垂青的是努力的人，而不是不断抱怨的人。因此，改变一下看问题的角度，从自己身上找原因，从而去解决问题。

有一天，一个人牵着他的驴走在路上，突然驴掉进了一个深坑里。主人想了各种办法也没有把它拉上来，只好坐在深坑边哭泣。这头驴呢，求生的本能使它拼命在深坑里面挣扎，也无济于事。天都快黑了，主人只好放弃了救驴，任他自生自灭。

可怜的驴还是在挣扎。它边挣扎，边用蹄子抓旁边的土，抓下来就垫在自己脚底下……不停抓，脚底下的土就越来越多……几天之后，这头驴很轻松地从坑里走出来了。

驴的成功之处就在于，面对困境，它并没有抱怨自己命不好，抱怨主人狠心不管它，而是用自己的努力找到了自己重新站起来的方式！抱怨的最大受害者是自己。如果你想要什么，就为这个目标努力就行了，不要把时间浪费在无聊的口舌中。

抱怨是不负责任的表现，抱怨的对象都是别人，把一切自己做不好的事情归结到别人身上。抱怨是失败的一个借口，是逃避责任的理由。这样的人没有胸怀，很难担当大任。喋喋不休抱怨的人，是不会获得晋升的。成功者都是那些不抱怨的，勇于承担责任的，对工作敬业的人。

因此，停止你如祥林嫂一样喋喋不休诉苦的嘴巴，努力工作，快乐去工作，对工作敬业，成功最终属于你！

03

激情是工作的灵魂

激情，是工作的灵魂，是一种能把全身的每一个细胞都调动起来的力量，是不断鞭策和激励我们向前奋进的动力。在所有伟大成就过程中，激情是最具有活力的因素，可使我们不惧现实中的重重困难。每一项发明，每一个工作业绩，无不是激情创造出来的，激情是工作的灵魂，甚至就是工作本身。

几乎每一个成功者都是激情四射的！他们热爱自己的工作，甚至能达到狂热的地步。他们对工作投入全部的精力，因为工作而激情高昂。一个人在工作时，如果能以精进不息的精神，火焰般的热忱，充分发挥自己的特长，那么即使是做最平凡的工作，也能成为最精巧的工人；如果以冷淡的态度去做哪怕是最高尚的工作，也不过是个平庸的工匠。

我们见过一些企业的老总，他们精神抖擞，神采飞扬，在组织工作的时候激情像燃烧的火焰一样。在他们的管理下，员工也是如此。他们偏爱有激情的员工，喜欢年轻人对工作的狂热。他们不愿意聘用死气沉沉的员工。有激情的员工，才能全身心去工作，并且可把工作做到尽善尽美。

一个人如果仅仅是勉强完成职责，那么，他做起事来就会马马虎虎，稍遇困难就会打退堂鼓，很难想象这样的人能始终如一地高质量地完成自己的工作，更别说能做出创造性的业绩了。如果你不能使自己的全部身心都投入到工作中去，你就难以得到成长和发展的机会，无论做什么工作，都可能沦为平庸之辈。

在一个牙齿专科医院里，有三个牙医。你问第一个牙医：

"你在干什么呢？"

这个牙医都没有正眼看你，没好气地对你说："你看不见吗，我拔牙呢？一天天就看这些烂牙！"

再问第二个牙医：

"医生，你干什么呢？"

他抬头看看你，然后告诉你："我赚钱呢，现在活忙！"

问到第三个牙医，他神采飞扬地告诉你："我在看病呢，这个病人的牙病就快好了！"

在工作中燃烧激情，你将会在工作中发现更多的快乐，更大的价值。当你满怀激情地工作，并努力使自己的老板和顾客满意时，你所获得的利益会增加。而工作中最巨大的奖励还不是来自财富的积累和地位的提升，而是由激情带来的精神上的满足。

让我们先来看看美国前任教育部长、著名教育家威廉·贝内特的一段叙述：

一个明朗的下午，我走在第五大街上，忽然想起要买双短袜。于是，我走进了一家袜店，一个年纪不到17岁的少年店员向我迎来。

"您要什么，先生？"

"我想买双短袜。"

"您是否知道您来到的是世界上最好的袜店？"他的眼睛闪着光芒，话语里含着激情，并迅速地从一个个货架上取出一只只盒子，把里面的袜子逐一展现在我的面前，让我赏鉴。

"等等，小伙子，我只买一双！"

"这我知道，"他说，"不过，我想让您看看这些袜子有多美，多漂亮，真是好看极了！"他脸上洋溢着庄严和神圣的喜悦，像是在向我启示他所信奉的宗教。

我对他的兴趣远远超过了对袜子的兴趣。我诧异地望着他。"我的朋友，"我说，"如果你能一直保持这种热情，如果这热情不只是因为你感到新奇，或因为得到了一个新的工作。如果你能天天如此，把这种激情保持下去，我敢保证不到10年，你会成为全美国的短袜大王。"

工作之所以能够高效地完成，最重要的因素就是对我们的工作保持热忱，工作中能燃烧激情，热忱是我们最重要的财富之一。每个公司的老板都欣赏满腔激情工作的员工。各行各业，人类活动的每一个领域，都在呼唤着满怀激情的工作者。

比尔·盖茨有句名言："每天早晨醒来，一想到所从事的工作和所开发的技术将会给人类生活带来的巨大影响和变化，我就会无比兴奋和激动。"这种兴奋和激动，就是激情。在他看来，一个成就事业的人，最重要的素质是对工作的激情，而不是能力、责任及其他（虽然它们也不可或缺）。他的这种理念，成为一种微软文化的核心，像基石一样让微软王国在IT界傲视群雄。

我们每个人都具备着火热的激情，只是表现的地方不同而已。同样一份职业，由具有热忱的人和没有热忱的人去做，效果是截然不同的。前者使人变得有活力，工作干得有声有色，创造出许多辉煌的业绩；而后者使人变得懒散，对工作冷漠处之，当然就不会有什么发明创造，潜在能力也无法发挥。

内心里充满热忱，工作时就会充满激情，精神也就会振奋，同时也会鼓舞和带动周围的人提高工作效率，这就是热忱的感染力量。一个有激情的团队，散发出来的力量是惊人的。

《时代》杂志引用爱德华·亚皮尔顿——伟大的物理学家，曾协助发明了雷达和无线电报，也获得了诺贝尔奖——的一句具有启发性的话："我认为，一个人想在科学研究上有所成就的话，热忱的态度远比专门知识来得重要。"这句话如果出自普通人之口，可能会被认为是外行话，但出自亚皮尔顿这种权威性的人物，意义就很深长了。在科学的研究上热忱如此重要，那么对普通的职员来说，热忱在工作中也应更重要。

04

在工作中找快乐

如果说激情是工作的灵魂,那么快乐就是工作时开出的美丽的花。一个在工作中找到快乐的人,是幸福的。他能在谋生期间享受生活。我们每个人都需要工作来谋生,但是快乐工作的人,把工作当成一种享受,更热情、更认真地投入工作,从而达到物质和精神上的双赢状态。

工作是生活中的一个重要部分,生活也是工作的一部分。能够快乐工作的人,他的生活也是快乐的。在工作中能找到快乐的人,他们把工作当成是上天的恩赐,他们积极乐观面对工作中大小事务,从不抱怨,把工作视为实现自我价值的舞台,在这个舞台上他们充满热情地演绎他们的理想。

在工作中找快乐的员工,他们能够更好地享受自己在世的每一天。一个每天奔波在公司与家庭间的成年人,至少有三分之一的时间是以工作的状态呈现于世。如果以几十年职业生涯计算,那么我们一生用于工作的时间将组成一个相当可观的数字。可见,我们的生活与工作联系非常紧密。如果不能快乐工作,每天工作都是在抱怨和痛苦中度过,每天因为工作中各种难题而苦闷不堪,那么生活将有多少时间是生活在这种消极的状态中呢?所以说,快乐去工作,不要把工作当作一种负累,才是享受生活的一种形式。

有一支淘宝队伍在沙漠中行走,大家都步履沉重,痛苦不堪,只有一个人快乐地走着。别人问他："你为什么这么惬意？"他笑道："因为我带的东西最少。"

原来，快乐如此简单，只要放弃一些负累，少一些苛求，也就知足常乐了。

职场虽然是小小的一个办公间，却也是一个大社会。有很多事情我们得面对，一方面是我们职责之内的工作，不管什么职位，做的事情再怎么琐碎，我们都必须去做；另一方面，职场还有形形色色的人际关系，这也是一门高深的学问。这些事情每个人都会遇到，而且或多或少都有些挫折啊，苦难啊，不要让这些事情成为我们的负累，让我们眉头紧皱。反之，我们要正确面对，积极想办法解决，而不是一味地担忧。

有个旅客在沙漠里走着，忽然后面出现了一群饿狼，追着他要群起而噬。他大吃一惊，拼命狂奔，为生命而奋斗。当饿狼就要追上他时，他见到前面有口不知有多深的井，不顾一切地跳了下去。谁料那口井不但没有水，还有很多毒蛇，见到有食物送上门来，毒蛇昂首吐舌，热切引项以待。他大惊失神下，胡乱伸手想去抓到点什么可以救命的东西，想不到竟天从人愿，给他抓到了一棵在井中间横伸出来的小树，把他稳在半空处。于是乎上有饿狼，下有毒蛇，不过那人虽身陷在进退两难的绝境，但暂时还是安全的。就在他松了一口气的时刻，奇怪的声响传入他的耳内。他骇然循声望去，魂飞魄散地发觉有一群大老鼠正以尖利的牙齿咬着树根，这救命的树已是时日无多了。就在这生死一瞬的时刻，他看到了眼前树叶上有一滴蜜糖，于是他忘记了上面的饿狼、下面的毒蛇，也忘掉了快要给老鼠咬断的小树，闭上眼睛，伸出舌头，全心全意去品尝那滴蜜糖。

把压力抖掉，积极面对，工作才能有效率。真正在工作中找到快乐的人，是不会厌烦工作的，在工作中出现的任何困难，他都能积极应对。

有个中小企业的老板，他每天的工作时间都在11个小时以上，每周工作7天，当然这还不包括他在家24小时与各地的客户通电话的时间。但他往往会说："我喜欢持续地工作。它已经变成了我的一种生活方式，而不仅仅是一份工作。"

除了每周最少60个小时的工作时间以外，他还要经常出差，坚持快节奏的步调，随时应客户需要而调整时间表。你要知道，这不是市场压力所致，而是源于他内心对工作的喜爱和激情。

那么，怎么才能在工作中找到快乐呢？很简单，要全身心投入到工作中。不管你现在的薪水是高还是低，只要你珍惜工作，全心全意地做好本职工作，毫不吝惜地将精力与热忱融入工作中，你会发现：工作是快乐的。全身心地投入工作中，你会赢得他人的尊重，进而产生一种自豪感：原来我可以做得这样好！如果你一直处于被动状态，将会发现每天有一大堆的工作等着你，你总有做不完的事。这时，你会感觉工作十分艰辛、烦闷。

而且，对于我们的工作，了解得越深刻，我们会越热爱。如果你对自己的工作不够热心，就该找出原因。很可能是因为对自己的工作知道得不够多，或是不了解自己对整个程序所做的贡献。工作起来不快乐，很有可能就是对我们的工作没有了解深刻，看不到工作的价值和意义。一个能够让我们实现自我价值的工作，有什么理由不快乐去接受、快乐去进行呢！

快乐工作有很大的好处。工作中，只有保持愉快的心情，只有感到快乐，你才会不知疲倦，自动自发地工作；相反，你只是为薪水工作，那你的积极性是很有限的，也不会保持很久。当我们选择了一份工作，我们就选定了一个方向、一个目标。积极快乐的工作态度，能更大限度地发挥我们的潜能。

05

热门不如乐门

前面我们说过择业的话题，选择自己喜欢的工作，才能发挥自己最大的潜能。能否对一份工作抱很大的热情，很大程度上看你是否喜欢这个工作。现代社会，物欲横流，人们对金钱的追求导致很多人选择职业的时候偏向"热门"。其实，"乐门"比"热门"更重要，找一个能使自己感到快乐的工作，才让人有持续的动力。

人的一生中，可以没有很大的名望，也可以没有很多的财富，但不可以没有工作的乐趣。大多数人都是平凡的，但大多数平凡的人都想变成不平凡的人，但无论是否能变成一个不平凡的人，每一个人都应当从工作中得到乐趣。真正得到乐趣的工作，往往是我们所喜欢的，喜欢的一般都是我们擅长的，我们的优势。

知名的意大利科学家伽利略在小时候有意选择哲学进行深入研究，可是这种想法却遭到父亲严厉的反对。有一天，他找了一个机会对父亲说："爸，我想要知道是什么促成了你与母亲的婚事？"父亲回答："因为我疯狂地爱上她了。"伽利略又问："那你从来没有考虑过其他人吗？甚至没有碰到更好的人吗？"

父亲笑容和蔼地对伽利略说："怎么可能呢？孩子，你知道吗？当时家里的长辈要我选择另一个富有的女人结婚，可是我只对你的母亲一往情深，当初我追求她时，她是如此的美丽动人，我发现只要没有看到她，我就魂不守舍，几乎无法自拔，我已不能没有她……"

伽利略听完父亲的形容，接着说："这倒是真实，到现在还看得出来你们是如此相爱。可是，父亲大人，我现在也面临了同样的处境，除了哲学，我不可能选择其他的方向，现在哲学是我心中唯一的渴望，我对它的喜爱，就像是您对母亲一样的不能割舍。"父亲听完伽利略的一番话后，终于点头答应让他从事哲学研究的工作了。

20世纪80年代出生的一代人，他们中很多人都被父辈们灌输了理科好就业的观念，为了好就业很多对语言非常有天赋的人迫不得已选择去学习几何空间思维。还有很多人大学毕业后，选择大众认可的"热门"行业，把自己所喜欢的行业丢弃到一边，慢慢荒废。

其实工作的意义对每个人来说都不一样，没有永远的"热门"，只有永远的"乐门"。把自己手边的工作做好，做到尽善尽美，就是工作的意义。以前大众认为计算机行业是热门，中文之类的是冷门，可是计算机行业不一定永远都是热门啊！只要全身心地投入到你正在做的工作中，找出其中的快乐和意义，就会有好的机会来找你。

谁找到了自己最感兴趣的、最合乎自己性格的工作，谁就等于踏上了通向成功的道路。只要你的性格符合这一工作，长久地坚持下去，就会成功，因为上帝赋予你的时间和智慧，足够使你圆满地做完一件事。成功其实很简单，你只要做你最喜欢做的事情，然后把它做得最好，就一切OK了。

乌比·戈德堡出生于纽约曼哈顿贫民区，从小她就长得很难看，因为贫穷，从来没有接受过任何正式的高等教育。她通过很多途径看到过不少好莱坞经典作品，并幻想有朝一日能像电影里那些大明星一样出入上流社交场合，谈吐幽默、举止高雅。

乌比如此普通，她最初的工作是为尸体整容，而且她满口粗话，一文不名。当她给别人讲她要拍电影时，得来的总是嘲讽。别人越是嘲讽她，她越是坚持自己的梦想。她先进的是百老汇，在那里她想方设法参加各种团体表演。在舞台上，她的智慧和快乐的天性迸发了出来，出色得耀眼。但是，由于面貌丑陋和演艺圈对黑人的歧视，乌比并未受到重用。她鼓励自己，如果想让别人不放弃你，你首先不能放弃你自己。伯格导演的影片《紫色》中，她成功地扮演了一位受丈夫虐待而苦苦在命运的泥潭中挣扎的女奴布热。这是她的第一部影片，并因这部影片获得了最佳女演员奖和奥斯卡最佳女主角奖提名。

1990年她在影片《人鬼情未了》中成功饰演了一位善良诙谐的黑人女巫师，从而获得了奥斯卡最佳女配角奖。此后由她主演的《修女也疯狂》更是令观众如痴如醉，影片创下了当年的夏季票房之最，超过一亿美元。如今她是美国最受欢迎的演员之一。除了演电影，她还在世界各地举办个人演出晚会，灌制唱片。

对一个曾经如此平凡的黑人女孩，这简直是一个奇迹！这是一个例子，一个只是凭着兴趣、激情和永不放弃自己梦想的人，赢得一个个人生的发展机会。

各行各业，不论是士农工商、贩夫走卒，能成为"行家"或"达人"者，最重要的是他们不把它当作工作在做。再怎么没有意义的工作，当你站高了看，都能找到非同寻常的价值来，即使被别人视为打杂的工作，只要你认真研究，也会让你在职场上不同凡响。

在一个菜市场里，有两家摆地摊卖菜的妇女。其中一个每次总能提前把菜卖完，而另一个往往带着剩下的菜回家。

人们开始不解，后来终于看清楚。这个卖菜快的妇女，并没有什么高超的卖菜技巧，只不过她喜欢笑。任何时候，她都是笑呵呵地面对每一个买菜的人。她热情地接待每个客人，有时候还和顾客愉快地聊起家常，许多老顾客，她能在5米之前就能打招呼，嘘寒问暖的。她很坦然，从不刻意推销自己卖的东西。即使有时她的蔬菜不如别的商户的蔬菜新鲜，来她这个摊位的顾客却情愿排起队来。

毫无疑问，这个卖菜技术高超的商贩，她热爱自己的工作，喜欢自己的工作。在她的年龄和学历范围内，她用热情的笑脸向人们展现了她在这个别人看起来并不怎么体面的工作中找到了她的快乐。热门就是乐门，而且，永远也不用担心下岗或者失业。

所以，每个人都是天才。我们之所以默默无闻，是因为我们没有找到可以发挥我们天才的那一处空间。你最感兴趣的事情，往往就是你最容易成功的所在，所以不要在你自己不喜欢的事情上浪费光阴了，做你喜欢的事情吧！它会让你挖掘出自己的潜能，提高自己的能力，并一步步走向人生的辉煌。

06

跟工作谈恋爱

如同爱情一样，当你非常爱一个姑娘，你会拿出全部的热情去追求她。美丽的姑娘给你感情上的满足，而工作会给你物质上的满足。而且不论你现在什么职位，你都必须明白的一个事实就是，我们必须长期地、努力地工作。喜欢并且爱你的工作，这是你能全身心投入工作的基本保证。

跟工作谈恋爱，首要的条件之一是选择你喜欢的。只有跟你喜欢的人在一起，你才有那种激情。只有选择我们喜欢的工作，我们才能发挥最大潜能去工作。如果你所从事的工作你并不喜欢，那这份工作将成为你的负担，长期下去将使你心情压抑，工作没有积极性和主动性，甚至身心疲惫，失去对自己的工作的激情。

选择我们喜欢的，并不是要一见钟情。一见钟情的事情有时会发生，但那绝对是少数。工作也是，没有哪一份工作是我们一见钟情就喜欢上的，是经过长期的尝试和积累才有那种喜欢的感觉的。或者是从小我们一直就喜欢的，或者是我们读的专业，在学习的时候慢慢喜欢上的。那么在就业的时候就选择与此相关的。

其次，我们要明白，没有最好的，只有最适合我们的。谈恋爱不可以东看看西挑挑，这世界上好的女孩子很多，不可能都去喜欢。找工作也是一样，根据我们的性格、专业、特长等，一定要找适合我们的。不要这山望着那山高，吃着碗里望着锅里，总是想着下一个会不会更好。这样下去，屡次跳槽，会降低我们对工作的忠诚度，那终身受雇力跟着受影响。

因此，在工作中要多从自身出发，不要总是埋怨工作不好，埋怨老板不好。关于恋爱婚姻有这样一个说法：

太太绝不会有错，如果太太有错，一定是我看错了；如果我没有看错，一定是因为我的错，才害太太犯错；如果是太太自己的错，只要她不认错，那就是我的错；如果太太不认错，即使她有错，那仍然是我的错。总之，太太绝不会有错。

再次，跟工作谈恋爱，要发现这份工作里潜在的优点。我们说过，没有一见钟情的工作，俗话说日久生情，时间长了你就会发现一直站在你身边的那个女孩子原来那么可爱，那么迷人。感情是可以培养的，对工作的兴趣也是可以培养的。

崔颖在一家金融担保公司工作，凭着自己对工作的热爱和努力的付出，三年后她晋升为本部门的主管。崔颖在这个部门如鱼得水，由于她亲和力做得很好，对每一个员工都非常关心，从生活到工作上，崔颖都是一个出色的领导者。部门每一个任务，崔颖都能领导团队出色地完成。她的部门赢得了好评，成为全公司公认的可以委以重任的团队。

与此相反，三楼有一个运营部门，人数众多，绩效却不理想，他们与崔颖的团队形成了鲜明的对比，因此成为大家批评的焦点。

为了挽救三楼运营部门，老板看中崔颖的管理能力，因此决定把改观运营部门的重任交给了她，提升她为三楼的业务经理。

这可是一块烫手的山芋啊！崔颖非常为难，一方面自己并不喜欢这个新职位，另一方面她对自己的部门熟门熟路，不想接触运营部门这个工作。然而，君命不可违，崔颖只好很不情愿地接受了工作。

刚开始的工作十分艰难，崔颖想只有自己打破对这个部门的偏见，才能顺利展开工作。因此，她尝试去喜欢这份工作，几天后她惊喜地发现，其实自己很喜欢挑战，一定要把这个难题给攻克下来，否则很没面子。

慢慢地，崔颖开始接受并喜欢了这个工作。同时，她的这种积极的情绪深深地影响了员工，在这种精神的支持和鼓舞下，崔颖所在的这个部门迅速改变，并最终成为公司的典范。

有句话说得好："选择你所爱的，爱你所选择的。"既然已经选择，那么就让自己努力去接受，爱上它。关键是调整好自己的心态，才能在不喜欢的工作中发现它的优点。

另外，恋爱中的人都能把对方的缺点看成优点，也就是要接受对方的全部。既然选择一个工作，你就得接受工作的全部。一旦选择了工作，态度比能力更重要，态度能决定工作质量和效率，有了好态度，有了热心和激情，没准会让你喜欢上一项刚开始还陌生的事业，并做出令人骄傲的成绩来。一件工作有趣与否，取决于你的看法。对于工作，我们可以做好，也可以做坏。可以高高兴兴和骄傲地做，也可以愁眉苦脸和厌恶地做。如何去做，这完全在于我们。所以只要你在工作，何不让自己充满活力与热情呢？

就像从恋爱步入婚姻，久而久之，爱情就变成了一份责任。当我们选择这份工作了，这就是一份责任。我们怎么可以只接受工作带给我们的薪水和快乐，而不去承担工作带来的责任与压力呢？再说了，只要做一份工作，就必然会遇到苦难和挫折。

这个世界上，不管什么样的工作，背后都要付出巨大的努力和艰辛。体力劳动者，会因为工作环境不佳而感到劳累；在窗明几净的办公室里工作的中层管理者，会因为忙于协调各种矛盾而身心疲惫；居于高位的领导者，有公司内部管理和企业整体运营的压力。

当你跟恋人在一起，你就得接受她（他）爱睡懒觉的习惯。这是必需的，否则你们就无法相处。工作可以让我们获得物质上的满足，但是随之而来的各种问题和压力，我们也必须承担和忍受。

其实，任何人都有可能不得不做一些令人厌烦的工作。即使给你一个很好的工作环境，但如果总是一成不变，任何工作都会变得枯燥乏味。许多在大公司工作的员工，他们拥有渊博的知识，受过专业的训练，有一份令人羡慕的工作，拿一份不菲的薪水，但是他们中的很多人对工作并不热爱，视工作如紧箍，仅仅是为了生存而不得不出来工作。他们精神紧张、未老先衰，工作对他们来说毫无乐趣可言。

所以，工作的好坏，不在于工作本身，而在于我们对工作的态度。只想接受工作的益处和快乐的人，是一种不负责任的人。

小赵是一家汽车修理厂的修理工，从进厂的第一天起，他就开始不停地发牢骚，什么"修理这活太脏了，瞧瞧我身上弄得"，什么"真累呀，我简直讨厌死这份工作了"……每天，小赵都是在抱怨和不满的情绪中度过。他认为自己在受煎熬，在像奴隶一样卖苦力。因此，小赵每时每刻都窥视着师傅的眼神与行动，有空隙，他便偷懒耍滑，应付手中的工作。

转眼几年过去了，当时与小赵一同进厂的三名员工，各自凭着自己精湛的手艺，或另谋高就，或被公司送进大学进修了，唯有小赵，仍旧在抱怨声中做他的修理工。

不要在抱怨上浪费时间，把时间用在发现工作的乐趣上。当你抱有这样的热情时，上班就不再是一件苦差事，工作就变成了一种乐趣，就会有许多人愿意聘请你来做你更热爱的事。如果你对工作充满了热爱，你就会从中获得巨大的快乐。设想你每天工作的八小时，感觉就像和你的恋人在一起的那种滋味，该是一件多么惬意的事情！

所以，去跟你的工作谈恋爱吧。选择自己喜欢的去做，如果刚开始不是喜欢的，那么尝试去发现工作中的乐趣。接受工作的全部，忠于自己的选择，同时在漫长的职场路上，用责任和热情去经营。相信我们可以与工作天长地久，并且创造出不凡的成绩！

07
是你需要工作

在工作的时候，我们最好经常问自己这样一个问题：究竟是这份工作需要我来做，还是我需要这份工作？当然，答案是我们需要这份工作，需要生存，需要养活自己及家人。工作给我们带来物质上的满足，然后我们才能过自己想要过的生活。

没有工作，就没有奋斗的目标，没有人生的方向，何谈人生价值和意义！工作是我们的立身之本，在物质社会中，工作是大多数现代人赖以生存的基本形式之一。主观的工作愿望与工作实践是客观地解决个体生存和社会发展必不可少的原动能量，对工作意义的任何不负责任的、盲目冲动的行为，都有可能为此付出不小的代价。

是你需要工作，所以，努力工作是你必须做的事。不管你现在的工作有多琐碎，工作环境有多差，你都必须去工作。对工作不满、辞职不干是不珍惜自己工作的一种表现。同样，那种四平八稳、无过为功、不思进取的工作作风也是不珍惜工作的表现形态。工作，就是要付出全部的努力和热情，积极进取，达到尽善尽美的状态。

记住，不是工作需要你。任何时候，当你觉得对工作的态度发生了消极的变化时，或者当你觉得自己在公司可以不可一世时，或者当你发现自己对工作已经失去了兴趣时，你都需要用这句话提醒自己。如果你坚持时常这样提醒自己，你就懂得了怎么珍惜工作了，你也就不会在工作中那么烦恼和不愉快了。

人们都说，离开你地球照样转。我们身在一个公司，要感谢公司给我们这个工作机会，并认真珍惜这个机会，踏实工作。无数在事业上取得巨大成就的人都清醒地意识到，努力干好工作是自己安身立命之本，是自己生活更好的前提和保障。但是，现在很多年轻人，年轻气盛，拿着名牌大学的文凭，在公司里不可一世，认为自己能力非常强，是工作需要他，公司离不开他，老板离不开他。社会上人才很多，像这种恃才傲物的人，这种无德的人才，每个公司都反感。

还有一些人，整天为找不到工作着急，牢骚满腹，脏的累的活不愿干，别的工作又干不了。有的则在已有的岗位上不安分，眼高手低，这山看着那山高，总认为自己怀才不遇，总认为自己命不好，但事实上其真本事却没有多少，真把他放在重要岗位上还真干不了。既然需要工作，那就把眼前的工作做好了，等能力提升了，就会胜任重要工作了。

第五章

敬业，
是员工的
基本素养

敬业的意思就是恪尽职守，它是一种品质，是职场中每个员工都应该具备的基本素养之一。敬业的员工，把工作视为天，不怨天尤人，在自己的岗位上兢兢业业。他们对工作认真负责，把工作当成自我历练的舞台，当成实现自我价值的舞台。任何一个企业的发展都需要具有敬业精神的员工，同样，任何一个员工在企业中要想得到发展也离不开敬业精神。敬业，能使你走向事业的辉煌！

01

敬业是员工的基本素养

敬业是我国劳动人民的一个优良传统，也是十分可贵的精神。到了现代，也是每一个企业提倡的优秀品质。一个优秀的员工，必定是一个敬业的员工。

所谓"敬业"，一方面指的是要敬重你的工作，另一方面是深入钻研探讨，力求精益求精。低层次来讲"拿人钱财，与人消灾"，敬业是为了对老板有个交代。而上升到一个高度来讲，就是要把工作当成自己的事业，要具备一定的使命感和道德感。不管从哪个层次来说，"敬业"所表现出来的就是认真负责，做事认真、一丝不苟，并且有始有终！

敬业是一种品质，不论环境如何变化，它应该是人所具有的。有了这种品质，不管公司如何，他都会去勇敢地面对，去为之奋斗。敬业的精神是上天赋予你的，不是公司的，公司不在了，敬业精神还在。无论走到哪里，具有这种敬业精神的人都会是事业的中坚力量，都会是社会发展的推动力。

无数事实说明，敬业是锻炼才华。做好工作、成就事业的重要前提和保证。敬业与强烈的事业心、责任感和无私奉献精神总是紧紧联系在一起的。敬业的员工有着强烈的事业心，把工作当成事业，并为之奋斗。敬业的员工有着强烈的责任心，他们把公司的事情当成自己的事情，有着主人翁的精神。而且，敬业的员工，总是能够圆满完成任务，甚至超出自己的能力范围。敬业的员工，往往是公司里升职最快的，他们深受每个老板的青睐。

而今的市场经济条件下，竞争非常激烈，公司之间也是优胜劣汰。有些公司随着市场规律的变化，以及可能是企业管理者经营不善，导致公司不景气。这时候，我们能看到两种员工。一种员工出现了各种消极情绪，工作开始拖拉，能不管的事情就不管了，布置的任务开始敷衍应付，请假成了家常便饭，加班的身影越来越少。另一种员工呢，他们反而更加努力工作，坚强地承担起更大的压力和任务，从他们的说话中也能听到对公司前途的担忧，但听不到对公司的抱怨，更多的是为公司摆脱困境的建议和思想，尽管也是徒劳，但还是可以看到一种积极向上的精神。

差别就在于敬业。一个员工敬业，不管是在任何职位上，哪怕是扫大街的，都能在自己的职位上做到优秀。这种敬业的员工，才是企业最需要的员工。

美国著名的石油大王洛克菲勒是一个惜时如金的人，但当他听说有一个员工不论走到哪儿，都毫不例外地把企业宣传到哪儿，不禁大感惊奇："再忙，如此忠诚敬业的人我也要见见他！"

那个人后来成了他的继任者，而"忠诚敬业"也成了最可爱的员工的重要准则！

敬业，就是把自己的工作当成一种荣耀。一个人有了敬业精神，就能剔除私欲，净化心怀，淡泊名利，开拓进取，有所作为；就能始终保持蓬勃朝气，昂扬锐气和浩然正气。如果缺乏敬业精神，一切将无从谈起。敬业精神，不单单是一种政治要求和思想品质、务实作风和勤恳姿态的体现，更是一种可贵的素质。

这里有一个来自苏联的故事，20世纪50年代它被用来讴歌忠诚和敬业。

一群小孩子在公园里玩打仗的游戏。一个小孩被派为哨兵站岗，扮演军长的小孩命令他不准擅自离开，他便一直在那儿站着。后来，玩累了的孩子们都回家去了，忘了他在那儿站岗。天已晚了，站岗的小孩哭了起来。公园管理员循着哭声跑过来，要他赶快回家。

"我是士兵，我要服从军长的命令，军长要我不得擅自离开，我不能走！"孩子说。

公园管理员想了想，站直身子，正色道："士兵同志，我是司令员，现在我命令你回家去。"

小孩听了，高高兴兴地回家去了。

小孩子对"司令员"忠诚，这才对自己的"岗位"敬业。

在很多工作单位里，上级要求员工做事情，即使三番五次地交代，也总有员工根本不放在心上。还有一些员工，接到任务后不是消极应付就是推诿，"这事不该我负责""为什么不叫张三去做""我太忙"，有的虽然什么也不说，心里却根本不打算把工作做好。很多员工把工作任务抛到九霄云外，上司过问时才想起来，他们不反思自己，却满嘴的借口：我事情太多，我受到了干扰，工作条件不具备，时机还不成熟……这就是不敬业的表现。毫无疑问，这种员工必将被淘汰。

相反，有这样的员工，不论老板是否安排任务，自己都会主动促成业务的圆满完成；遇到问题后不会提出任何愚笨的、啰唆的问题；主动请缨，排除万难，为公司创造巨大业绩；在工作上所表现出来的是认真做事，一丝不苟，并且有始有终。这样的员工，是敬业的员工。

"敬业"两字包含的内容很广，勤奋、忠诚、服从、纪律、责任、专注等都涵盖于其中。一个人如果敬业，那么他就会变成一个值得信赖的人，一个可以被委以重任的人。

在现代职场，一个员工是否成功，完全取决于他的敬业程度。敬业的员工，不仅仅是为了对老板有个交代，更重要的一点，敬业是一种使命，是一个职业人士应具备的职业道德。如果你在工作上敬业，并且把敬业变成习惯，你会一辈子从中受益。

敬业的最大受益者其实是员工自己。敬业的员工，公司会为他花费更多的时间和金钱来培训。另外，敬业的人能从工作中学到比别人更多的经验，而这些经验便是你向上发展的踏脚石。就算你以后换了地方，从事不同的行业，你的敬业精神也必定会给你带来帮助。把敬业变成习惯的人，从事任何行业都容易成功！有的人却认为，自己做事情都是为了老板，为他人挣钱，公司亏了也不用自己承担。因此能混就混，甚至背后做一些不良之事。如此之员工，在公司里连基本的工资都很难赚到，何况那些宝贵的经验！

敬业会使你养成一种良好的习惯。具有敬业精神，或许不能立即为你带来可观的好处，但可以肯定的是，如果你养成了一种"不敬业"的不良习惯，懒散、马虎、不负责任的做事态度已深入你的意识和潜意识，做任何事情都是"随便做一做"，你的成就就会相当有限，你就不会成为一个在职场上受人欢迎的人。

作为职场人士，我们没有理由不去理解什么是敬业精神、怎样去敬业的问题。主动的敬业也是一个人在职场中提升自己、拓展事业的前提，敬业精神所表现出来的积极主动、认真负责、一丝不苟的工作态度，是职场人士所应当而且必须具备的品质，是最佳工作业绩的有力保障。

因此，任何一个企业的发展都需要具有敬业精神的员工，同样，任何一个员工在企业中要想得到发展也离不开敬业精神。

02

敬业的本质：视工作为天职

一个整天不工作、无所事事的人，就如同生活在地狱。工作是上天赋予我们的使命。每个人生来就要各就各位，努力尽责并扮演好自己的角色，把自己喜欢的并且乐在其中的事情当成使命来做，才能发掘自己特有的能力，并顺利完成一份共同的责任。

对于每个人来说，上天给了我们一个生命，一个身体，同时也给了我们很多天分，我们要用这些天分去做很多应该做的事情。这就是说，工作是我们的天职。把工作视为天职的人，才能敬业。

有一个四肢健全、智力正常的年轻人，他不想工作，甚至有些讨厌工作，但他却想过一种衣食无忧的生活。

于是，这个年轻人非常虔诚地乞求上帝："我不喜欢工作，但我想过舒服的日子，有好衣服穿，有好饭菜吃，有好房子住，希望主能赐给我这一切。"

上帝说："好啊！我带你去一个地方，那里有吃有穿，而且还不让你工作！"

年轻人听后，非常高兴地说："好啊！我非常愿意去，我现在就要去！"

上帝说："可怜的孩子，你现在就去吧！你闭上自己的眼睛。"

一眨眼工夫，这个年轻人来到一个富丽堂皇的宫殿里，他看到许多和自己一样的年轻人很舒适地躺在各自的床上。这些人对他的到来没有任何欢迎的表示，他们只是目光呆滞地看了看他，好像什么也没有看见。

但无论如何，这个年轻人还是非常高兴。接下来，他就过着自己所期望的那种生活——每天除了吃很多丰盛的饭菜，就是睡觉。

刚开始几天，这个年轻人异常激动与兴奋。慢慢地，他对这种生活失去了兴趣。

在第100天的时候，这个年轻人已经无法再忍受这种悠闲的生活，他想起了自己以前工作时候的快乐，想起了自己以前工作带给他的满足。他越想过去的那种快乐，对自己目前的生活越无法忍受。终于，他无法忍受了，很生气地对上帝说："过这种生活，简直还不如下地狱！"

上帝很慈祥地说："可怜的孩子，这里就是地狱呀，你还以为是天堂吗？"

一个讨厌工作的人，是不可能找到工作中的乐趣的。所以，要热爱我们的工作，把工作看成是一项神圣的天职，并对此怀着浓厚深切的兴趣。这种状态能有效鼓舞和激励我们对所着手的工作采取积极的行动。

美国著名教育专家威廉·贝内特说："从根本上说，工作不是一个关于干什么事和得到什么报酬的问题，而是一个关乎生命的问题。工作就是付出努力，正是为了成就什么或者获得什么我们才会专注什么，并在那个方面付出精力。所以本质而言，工作不是我们为了谋生才做的事，而是我们要用生命去做的事。"

工作是要我们用生命去做的事！有个思想家认为，有的人之所以愿意为工作献身，是因为他们有一种"天职感"，他们相信自己所从事的工作是神圣事业的一部分，即使再平凡的工作，也会从中获得某种人生价值。在这样的境界中，他们会发现自己生存的意义，感受到幸福和自我满足。

白求恩大夫之所以能在战场视死如归，就因为他把医生这个职业当成是他对生命的承诺，当成是他人生价值的最高体现。当然，我们不是伟人，更多的是为生活而奔波努力的普通人。然而，如果我们对工作有"天职感"，也就在工作中注入了心血和热忱。工作没有高低贵贱之分，不要以为穿着破烂的农民工在工地上干的工作低贱，城市高楼大厦里西装革履的经理人在办公室做的工作就高尚。只要我们对工作满怀热忱，竭尽全力，它就具有一种至高无上的神圣感。一个认真在工地上搬砖的建筑工人，比一个在办公室里玩CS的经理人，要高尚很多。因为重视，因为热忱，才使我们的工作成为一项快乐而高尚的职业。

在一座名刹里，有一位新近剃度出家的小和尚，他被安排每天早晚各撞一次钟。小和尚认为，这样简单的工作，谁都能做，也没什么大的意义，只好"做一天和尚，撞一天钟"。就这样，百无聊赖中他撞了半年的钟。

有一天，方丈宣布调小和尚到后院挑水劈柴，小和尚对方丈的安排很是不服气，难道自己每天撞的钟不是很准时、很响亮吗？

方丈看出了小和尚的心思，微微一笑，告诉他说："你撞的钟很是响亮，但是钟声空乏无力。这是因为你没有意识到'撞钟'这项看似简单的工作所蕴含的深意。钟声不仅仅是寺院里的作息时间，更为重要的是要唤醒沉迷的众生。为此，钟声不仅要洪亮，还应该浑厚、圆润、深沉、幽远。心中无钟，即是无佛。不虔诚、不敬业，怎么能担当好神圣的撞钟工作呢？"

敬业是发自内心的，在心底里对工作的尊重。不是应付了事，不是有些员工在办公室只坐一天毫无所获，而是在每天有限的工作时间内把时间充分利用起来。混日子的员工，就是所谓的"做一天和尚，撞一天钟"。

把工作视为天职，视为使命，能使个人和企业达到双赢！对企业来说，一个对工作有使命感的员工，不用别人督促，他就能出色地完成任务。他对企业的责任感，也会随着他完成使命的行动而越来越强！

对于个人来说，只有去工作，才能使人生具有价值。把工作视为天职，是要我们把自己所从事的工作、职业当成一种使命，工作就是我们分内该做的事。当你在完成使命的同时，你会发现成功之芽正在萌发；当你发现自己的工作为别人带来了价值，内心里会有一种充实的感觉，这种感觉会使你的每一天都富有意义，也使你的人生充满快乐。

所以，不要把工作当作无所谓的事情，每天抱着混饭吃的态度去工作，那么就无法在工作中发挥主观能动性，这种员工一辈子只能碌碌无为。敬业是发自内心对工作的尊重，一个想出人头地的人，一定要以一种尊敬、虔诚的心灵对待职业，甚至对职业有一种敬畏的态度。敬业的本质，就是视工作为天职。

03

敬业的前提是爱岗

    爱岗敬业，实际上是我们在走上工作岗位、开始职业生涯时就应该具有的一种基本工作态度，也是我们一生应当恪守的职业道德。敬业的前提是爱岗，只有热爱你的岗位，你才能在这个岗位上努力工作。

    工作岗位是人生旅途拼搏进取的支点，是实现人生价值的基本舞台。爱岗，就是安心、热爱本职工作。本职工作，就是你必须做的工作。面对领导安排的任务，不能推脱责任，不能找借口，你必须得完成它。然而，光完成还不够，爱岗还需要热忱的态度，自发主动完成，精益求精。

    我们经常在大街上看到穿黄颜色衣服的清洁工，清洁工作脏吗？累吗？对于某些人来说，是脏是累，甚至感觉扫大街很丢人。对于优秀的清洁工人来说，他们不会有这样的感觉。首先，城市需要他们，需要他们用劳动保持路面的清洁。其次，这是他们的本职工作，他们热爱它，使路面保持清洁是他们应该做的事。在一个城市里，市长的职位令很多人羡慕，但是清洁工人就有几百、几千人，甚至几万人。对于清洁工人来说，不管是心甘情愿，还是不得已而为之，必须在自己的岗位上认真负责，尽心尽力，这是一种职业道德。

    爱岗，其实是一种奉献精神，把个人的利益放在群体利益、国家利益的后面。奉献精神，是爱岗敬业的升华。提到爱岗敬业，在我们脑海里就能想到这几个人的名字：郑培民、牛玉儒、任长霞等。只有爱岗敬业的人，才能在自己的工作岗位上勤勤恳恳，不断钻研学习，一丝不苟，精益求精；才能为企业做出贡献，为国家和人民做出贡献。

有人或许会说，重要的岗位容易调动人的积极性，而平凡的岗位很难让人产生敬业之情。但是道理并非如此。我们知道，工作没有高低贵贱之分。劳动最光荣。不要认为你的工作岗位很平凡，时传祥是掏粪工人、王进喜是石油工人、李素丽是公交车售票员……他们中的哪一个不是在平凡的岗位上做出了不平凡的事迹？如果你仅仅是公司最低层一个业务员，天天在大街上与各种顾客打交道，如果你笑容满面，把公司的产品用你最和气的语言介绍给顾客，赢得顾客的喜爱，你就是爱岗的体现。如果你仅仅是一个工厂的文员，那么整理好每一份资料，保证没有一个差错，这也是爱岗的体现。积极性，不是岗位决定的，而是你自己决定的。只有在平凡的岗位上做到优秀了，你才能胜任不平凡的岗位！

如何才能做到爱岗？首先，热爱本职工作。记住，我们每一份工作都是有意义和价值的，对于自己来说，这是为事业打基础。爱岗还能迎来社会的认可和尊重。对于企业来说，人人都爱岗就会形成一股凝聚力，这股凝聚力可以推动企业的发展。

其次，要有团体合作精神。没有完美的个人，只有完美的团队。没有众人的帮助，不可能单独完成一项事业。

再次，自发主动去工作。不要等领导为你安排，不要别人来督促，不拖沓，要勤劳。

最后，一定要有强烈的责任心，把企业的事情当作自己的事情。主动承担责任，不要为失败找借口。

还有一个非常重要的，就是要珍惜自己的岗位。珍惜岗位，也是爱岗的体现。当年，年轻的帕瓦罗蒂从师范学院毕业后，问他父亲："我是选择当歌唱家呢，还是当老师？"父亲回答他说："你如果想同时坐在两把椅子上，只会从椅子中间掉下去。生活要求我们只能选择一把椅子坐。"同样，如果你不珍惜自己的岗位，好高骛远，这山望着那山高，到头来只会一事无成。你不珍惜你的岗位，自然会有人来替代你。只有踏踏实实，充分利用自己在岗位上的每一天，刻苦钻研，奋发图强，才能获得人生的成功。

　　爱岗敬业精神，既是推动企业发展的客观需要，也是每位员工实现个人价值、取得个人成功的必由途径。一个人要想在事业上取得成功，在职业之路上赢得喝彩，就必须具有爱岗敬业的素质和品质，很投入地干工作。在履行好工作职责的过程中，体会和寻找到自己的价值。投机取巧只会有一时的得意，踏实肯干才能得到真正的认可与尊重。

04
对工作负责就是敬业

爱岗敬业是一种品质，是每个员工必备的职业道德之一。对工作认真负责，就是敬业精神的具体体现。有高度责任心；工作态度表里如一、一丝不苟；永远抱有激情，认真地对待工作，百分之百地投入工作，从来没有想过要投机取巧，从来不会耍小聪明——这样的员工是敬业的员工，是最可爱的员工。

责任是生存的起点，不管是人类还是动物，责任能够创造奇迹。

动物园里有三只老虎，是一家三口。这三只老虎从小就一直由动物园饲养。为了维护生态平衡，恢复老虎的野性，动物园决定将它们送到森林里，任其自然生长。首先被放回的是那只身体强壮的老虎父亲。

过了些日子，动物园的管理员发现，老虎父亲经常徘徊在动物园的附近，而且看起来比以前瘦了许多，无精打采的。但是，动物园拒绝收留它，反而又把幼虎放了出去。

幼虎被放出去之后，动物园的管理者发现，老虎父亲很少回来了，偶尔带着幼虎回来几次。它的身体好像比以前强壮多了，幼虎也迅速长大了起来。看来，公老虎不仅可以把幼虎照顾得很好，而且自己过得也很好。动物园的研究人员总结出来原因：为了照顾幼虎，老虎父亲必须得捕到食物，否则，幼虎就会面临饿死的结果，自己的日子也不会好过。管理员决定把剩下的那只母老虎也放出去。

这只母老虎被放出去之后，这三只老虎再也没有回来过。动物园的管理员去森林中对这三只虎做过考察，发现这一家三口在森林里生活得非常不错。后来，动物学家解释了这三只老虎为什么能重返大自然生活。

"公老虎有照顾幼虎的责任，尽管这是一种本能，正是这种责任让它俩生活得好一些。母老虎被放出去后，公老虎和母老虎共同有照顾幼虎的责任，而且公老虎和母老虎还需要互相照顾。这三只老虎互相照顾，才能够重回自然，重新开始生活。"

责任是一种相互的，生活中，父母与儿女之间的责任，丈夫与妻子之间的责任；工作中，老板与员工之间的责任，上级与下级之间的责任。因为相互之间的责任，才会让彼此过得更好。在职场中，有责任心的员工，工作态度认真，是对老板负责，也是对自己负责。相对而言，老板发挥管理才能创造利润，让公司正常运营，使员工不失业，是老板对员工负责。

德国大众汽车公司的训言是："没有人能够想当然地'保有'一份好工作，而要靠自己的责任感去争取一份好工作！"有责任感的员工才能胜任好工作。因为有责任感，才能把企业的事情当作自己的事。

一家大型餐饮机构招聘厨房行政总监，应聘的地点是公司的厨房。面试当天，一下子来了200多人，厨房里挤满了准备要面试的人。面试进行了整整一个下午，从头到尾，厨房的洗碗间有一个水龙头一直在"哗哗"地流，但是没有一个人去主动关一下。

最后，公司宣布，这次前来面试的人没有一个人合格，所以，一个也没有录取。事后，这家餐饮机构的负责人说：我们只是希望找到一个对后厨工作认真负责的人，可令人遗憾的是，这样的人太少了。

对于企业来说，员工的能力很重要，但是更关键的是，员工是否具有责任心，是否能在自己的职位上兢兢业业，是否能对工作负责。

责任是我们每个人必须承担的，无法逃避。社会关系中，到处都是责任。就像作为丈夫，对自己的妻子有责任一样，一个选择就是一份责任。一份工作，就意味着责任。坚守责任就是坚守我们自己最根本的人生义务。在这个世界上，没有不需承担责任的工作，也没有不需要完成任务的岗位，工作的底线就是尽职尽责。

员工的责任心会产生很大的力量，能使企业在竞争中立于不败之地！

海尔的一位员工这样说过："我会随时把我听到的、看到的对我们海尔公司产品的意见记下来，无论是在朋友的聚会上，还是走在街上听陌生人说话。因为作为一名员工，我有责任让我们的产品更好，有责任让我们的企业更成熟、更完善。"这就是海尔人的责任意识，这就是海尔的产品能够畅销全球的"核心"秘密。

责任就是为企业的利益着想，时时刻刻把企业的利益放在首位。一个对工作负责的员工，会对自己的所作所为负起责任，并且持续不断地寻找解决问题的方法。丘吉尔有一句名言："伟大的代价就是负责。"世界上很多伟人，他们在拥有崇高地位的同时，也担负着常人无法担负的责任。就是这种对自己职位负责的态度，使他们为社会为国家做出重大贡献。只有那些勇于承担责任的人，才有可能被赋予更多的使命。在担负起责任的同时，也为自己积淀着成功的人格基础。

责任源于对事业的热情。如果你不能把工作当作一份事业，那么责任就无从谈起。托尔斯泰说："一个人若是没有热情，他将一事无成，而热情的基点正是责任心。"尽责就要敬业，工作需要热情。只要真心投入，激情满怀就会心潮澎湃。

责任源于对价值的追求。人生价值的体现，需要工作来实现，它取决于负责任的态度，更得益于负责任的实践。不管在什么位置，我们都应该挖掘自己最大的潜能，展示自己的最大价值。

现在的企业越来越强调"责任"二字。员工的责任心不仅是企业的防火墙，也是员工做好本职工作的最主要条件之一。员工进入企业后，便成为企业的一部分，企业要发展就必须协调好每一部分的工作，这就要求员工对本职工作有更高的责任心。

据《解放军报》报道，有一位退伍战士回到原籍不久，报名应聘一家公司的秘书。经过几轮筛选，到考试时，百余名应试者所剩无几。角逐继续进行，可笔试题让这位退伍战士很为难。内容是："请你写出原单位名称，有多少人，在单位负责什么和你将为本公司提供什么最有价值的材料？"身为退伍军人，他忘不了在部队所接受的保密教育："宁愿落榜，也不能泄露军事秘密。"想到这里，这位退伍军人在试卷附页上写道："我非常愿意加入贵公司，可作为一名退伍军人，保守军事秘密是我义不容辞的责任。我只能交上一份空白的答卷，请谅解。"

在多项测试中对这位退伍战士一直看好的招考人员，无不感到吃惊和惋惜。公司总经理得知此事，立即调阅了他的全部应试材料，面对那张唯一的"白卷"，他露出了满意的微笑。他对下属说：懂得保守军事秘密的人，同样懂得保守商业秘密。这位退伍战士政治素质好，责任感比较强，应当优先录取。

身在职场，要时时刻刻记住，对工作负责不仅仅是一个道德概念，而是我们必须做到的。对自己的工作能否胜任，是由你的行动决定的，勇敢承担工作中的各种压力，勇敢面对工作中的各种困难，不推卸责任，一丝不苟对待工作！

05
要勇于承担责任

在现代社会里，责任感是很重要的，不论对于家庭、公司，还是你周围的社交圈子，都是如此。它意味着专注和忠诚。所以，一个企业也是一样，敢作敢当、勇于承担责任的员工是最可爱的。

跟小孩子接触过的人都看过这样一个场景：小孩子不小心撞到了桌子上，疼得大哭不止，等待着大人过来帮助。如果你是孩子的妈妈，你会怎么做呢？现在有下面两种做法：

其一，母亲焦急地走过去，把跌坐在地上的孩子抱起来，用手或者棍子拍打桌子，边拍打边说一些"这破桌子，怎么能碰到我的孩子呢"之类的话。

其二，母亲微笑看着孩子，先鼓励他站起来，再把孩子带到桌旁边，和蔼地说："来，再走一次。一个人走路会撞到桌子有三个原因：第一是你走路的速度太快，躲闪不及；第二是你的眼睛看别处没有留意桌子；第三是你心里面不知在想些什么。你是哪一种呢？"

我们来分析一下，第一种母亲，她疼子心切，但是她"护短"，把责任推在了桌子上，孩子碰到桌子，是桌子的错误。第二种母亲，她不是不心疼孩子，她给孩子分析了三种原因，都是让孩子明白：是你的失误。然后用这种方式帮孩子找到原因，再纠正过来，那么下一次就不犯同样的错误了。

毫无疑问，第二种母亲的做法相当明智。同样的，在职场中，工作意味着责任，一个对工作负责的员工，有承担风险的能力。他敢于去承担风险，才能胜任这份工作。但是工作并不是一帆风顺的，总有一些苦难和挫折，那员工的处事能力也并不是万无一失的，也可能会犯一些错误。针对这些错误，就出现了如同上述两种母亲的做法。

通常情况下，人们认为责任就是风险，他们习惯于为自己的过失寻找借口，他们通常会说些"这不是我的错""我不是故意的""是他让我这样做的""这不是我干的""本来不会这样的，都怪……"之类的话语。他们用这种方式希望可以逃脱惩罚。而优秀员工呢？他们对于这些错误勇敢承认，接受惩罚，然后通过这个过错学会更多解决和处理事情的方式方法。连小孩子都知道，知错就改就是好孩子，何况我们大人呢！

如果说智慧像金子一样珍贵，那么，还有一种东西则更为珍贵，那就是勇于负责的精神。一位伟人曾说过一句话："人生所有的履历都必须排在勇于负责的精神之后。"工作中，员工与其为自己的失职找寻借口，倒不如坦率地承认自己的失职。因为，没有哪一位企业管理者会对没有责任意识的员工给予深深的信任，反而会欣赏那些就算犯错却勇于认错的员工。

小王和小赵差不多同时间进入一个快递公司工作。平日工作中，他们俩是搭档，工作一直都很认真，也很卖力，深得上司的喜欢。然而不长时间后，小王留下，小赵却被辞退。这仅仅源于一件小事。

这天，小王和小赵接了一笔大单，需要把一件贵重的邮件送上飞机。临走时，上司反复叮嘱他们要小心，因为里面装有一个价值不菲的"翡翠香炉"。两人都小心翼翼，害怕出一点差错。谁知道，快到飞机场的时候，货车突然熄火了。

他们两个人马上跳下车检查问题，这时离飞机起飞的时间也快到了。小赵是一个急性子的人，看看表，又看看车，埋怨起来："怎么搞的，你为什么出门前不把车检查好？现在迟了，飞机快起航了。如果不按规定时间送到，我们要被扣奖金的。"

小王温和地笑笑："不好意思，是我大意了。这样吧，我的力气大，我来背吧，距离目的地也不远了。"小王就背起了邮件，一路小跑，终于按照规定的时间赶到了目的地，而且也看到了等待的客户。

这时候，小赵心里打起了小算盘，他对小王说："你先歇歇，我来背吧，你去招呼货主。"其实他是希望客户看到是他这么辛苦把邮件背过来的，再把这件事告诉老板，说不定自己就有升迁的机会了。但他只顾想，当小王把邮件递给他的时候，他却没接住，邮包掉在了地上，"哗啦"一声，"翡翠香炉"碎了。

"啊？……你……你怎么搞的，我没接你就放手。"小赵大喊。

"对不起，你明明伸出手了，是你没接住。"小王只好这样说。

弄坏了贵重邮件，不但会丢了工作，可能还要偿还沉重的债务。回到公司，面对怒不可遏的老板，小赵先跑到老板办公室给老板说："老板，这真不是我的错，是小王弄坏的。"老板平静下来，并没有责备小赵。

然后，老板找了小王，让他把事件的经过详细说了一遍。说完之后，小王又说："这件事情是我们的失职，我愿意承担责任，一定会弥补上我们造成的损失的。"

之后，老板把两个人同时叫到了办公室："公司一直对你们两个人很器重，想从你们当中选择一个人担任客户部经理，没想到却出了这样一件事情，不过也好，这会让我更清楚哪一个人是合适的人选。我们决定请小王担任公司的客户部经理，因为，一个能够勇于承担责任的人是值得信任的。小赵，你自己想办法偿还客户的损失，对了，你明天不用来上班了。"

一个勇于承担责任的人是值得信任的。职场上，决定输赢的或许不是能力，而是一个人的品质。其实勇于承担责任就是一种品质。勇于承担职业生涯中的责任，你一定能够比别人完成得更出色。世界上最愚蠢的事情就是推卸眼前的责任。如果说逃避责任可以保护自己一段时间，那么，承担责任则可以长久地保护自己。虽然承担责任会有被处罚的风险，但不承担责任，将会遭遇更大的风险——丢掉工作、丢掉前途的风险。

俗话说，神仙难免会打盹儿。再优秀的员工，犯错误都是在所难免的，如果敷衍塞责，找借口为自己开脱，就会让企业管理层觉得我们自己不但缺乏责任感，而且还不愿意承担责任。虽然没有谁能做得尽善尽美，但是，一个主动承认错误的员工至少是勇敢的，如何对待已经出现的问题，更能看出一个人是否能够勇于承担责任。

一家香港公司在深圳设立办事处，这里有一位主管和一位职员。办事处刚成立时需要申报税项，由于当时很多这样性质的办事处都没申报，再加上这家办事处没有营业收入，所以这家办事处也没申报。两年后，在税务检查中，税务局发现这家办事处没有纳过税，于是做出了罚款决定，数额有几万元。这家办事处的香港老板知道这件事后，就单独问这位主管："你当时怎么想的，现在发生这样的事情？"这位主管说："当时我想到了税务申报，但职员说很多公司都不申报，我们也不用申报了，考虑到可以给公司省些钱，我也就没再考虑，并且这些事情都是由职员一手操办的。"老板又找到这位职员，问了同样的问题。这位职员说："从为公司省钱的角度，再加上我们没有营业收入和其他公司也没申报，我把这种情况同主管说了，最终申不申报还应由主管做决定，他没跟我说，我也就没报。"

这是一个典型的推卸责任的案例，职员和主管相互推卸责任。有这样的员工，这家公司在深圳的发展前景也不容乐观。

一个勇于认错、勇于承担责任的人，是一个有担当的人，这样的人靠得住。职场不是不允许犯错，关键是面对错误的态度，能够反映出你做人的品质，就能判断出你能否具有敬业精神。因此，不要耍一时的小聪明，用瞒天过海之计推脱责任，那你就犯了大错，可能就面临被解雇了！

06

尽职尽责是你的使命

责任关乎安全，责任心就是别人对你的安全感、信任感。社会学家戴维斯说："自己放弃了对社会的责任，就意味着放弃了自身在这个社会中更好生存的机会。"如果你放弃了对工作的责任，那就放弃了自身的发展机会。责任心很关键，但是更关键的是在实际工作中做到尽职尽责，这是每个员工的使命。

做好自己分内的工作，这是最基本的。工作中，每个员工都扮演着不同的角色，而每一个角色都有其相应的责任。从某种意义上说，角色饰演的成功与否取决于你对职责的履行程度。也就是说，只有尽到最大的责任心，你在自己的职位上的角色就是非常成功的。

王洁原本在风扇厂上班，由于厂子倒闭，被迫下岗。后来去了一家电冰箱厂上班，王洁对这份工作非常珍惜，自己一家老小的吃喝都得靠这份工作。因此，她做事非常认真，上班几乎每次都是第一个到，下班总是最后走。

有一次，王洁下班回到家，刚准备开始吃饭，突然觉得在装最后一台冰箱时，好像没有放进说明书，这可怎么办？明天一大早冰箱就开始从厂里发货了。她马上放下碗，给母亲说了一下，母亲劝她明天早上再去，天都那么晚了，也没有公共汽车，家离工厂又很远。王洁还是坚持要去厂里，无奈之下，母亲只好陪着她，步行了40多分钟赶到厂里，经过仔细查看，直到确认说明书已经放好，这才踏实地又走回家去。

把冰箱装好，这是王洁分内的工作。她的做法是尽职尽责的表现。要知道，放弃承担责任、蔑视自身的责任，等于在自由通行的路上自设路障，摔跤绊倒的也只能是自己。如果说说明书没有放进去，等顾客拿到货发现没有说明书，那损坏的就是工厂的名誉，同样她也可能会因此失去这个工作机会。

一个人无论从事何种职业，都应该尽心尽责，尽自己的最大努力，取得不断的进步。这不仅是工作的原则，也是人生的原则。如果没有了职责和理想，生命就会变得毫无意义。无论你在什么工作岗位上，如果能全身心投入工作，忘我工作，就一定会取得成就。每个企业都喜欢尽职尽责的员工，只有每个员工意识到尽职尽责是自己的使命，这个公司才能在日益激烈的市场竞争中立于不败之地。

微软之所以能称霸全球，始终处于领先地位，并不是因为它有天才的存在，它的成功与每一位职工拥有"唯我独尊"的责任心息息相关。他们以尽职尽责为使命，并深信只有自己才能肩负起这个崇高的使命。更重要之处在于，他们懂得要完成这项使命，唯有人人在各自的工作岗位上尽到责任，微软才能不断向世人推出一流的软件。

尽职尽责是要员工在自己的岗位上把工作尽量做到完美的状态，每一个细节都要顾及到。一个把责任心根植于心中的员工，会把负责任变成一种习惯，成为脑海里一种自觉意识。在日常的行为和工作中，这种责任意识才会让员工自己表现得更加卓越。一个合格的员工，不单单是做好自己分内工作不犯错误，而且还要有高度的责任感，做到无可挑剔，能够让上司和公司感到自豪。这样才叫尽职尽责。

美国一家大型企业的总裁经常会去日本索尼公司出差。在日本期间，他从东京和大阪往返的车票都是由索尼公司销售部的一名普通接待员梅子负责订购。

这位总裁坐了好几次飞机之后，发现了一个现象：他每次去大阪时，座位总是紧邻右边的窗口，返回东京时，又总是坐在靠左边窗口的位置上。这样每次在旅途中他总能在抬头间就能看到美丽的富士山。

他有点疑惑，自己的运气怎么每次都这么好，于是一次在接待员梅子那里拿到票之后，他问梅子这是怎么回事。

梅子带着甜美的笑容，用流利的英文说道："您乘车去大阪时，日本最著名的富士山在车的右边，而回来时富士山却在车的左侧。据我的观察，外国人都很喜欢富士山的壮丽景色，所以，每次我都特意为您预订可以一览富士山的位置。"

这位总裁听完之后，默默地看着这个普通的接待员，心里产生了强烈的震撼，没想到一个小小的接待员竟然有如此的责任心，把工作做到这样完美的程度。他由衷地赞美梅子，梅子笑着说："谢谢您的夸奖，这完全是我职责范围内的工作。在我们公司，其他同事比我更加尽职尽责呢！"

从这之后，这位总裁将贸易额从原来的500万美元一下子提高至2000万美元。这都是梅子的功劳。而且不久之后，梅子自己就由一名普通的接待员提升至接待部的主管。就像这位总裁对索尼的领导层说的："就这样一件小事，贵公司的职员都做到尽职尽责，那么，毫无疑问，你们会对我们即将合作的庞大计划尽心竭力的，所以与你们合作我一百个放心！"

公司是一个紧密联系的有机生命体，如同人体各个器官的运转一样，需要每个职员都把责任固定在自己身上。如果公司的每个员工都能尽职尽责，主动分担责任，天下兴盛的公司就随处可见。梅子的尽职尽责不仅仅为公司赢得了更大的利润空间，更为自己赢得了更大的发展平台。

日本本田公司有一个汽车销售员叫林文子。这个31岁没有任何汽车销售经验的人进入本田公司，却创造了令人咋舌的成就。

首先第一点，林文子对汽车行业毫无知晓，为了攻破这个难题，她从头开始学习，在业余时间里，她购买了大量的如砖头般厚重的专业书籍，夜以继日地恶补理论知识。她从来没有销售经验，当其他同事向顾客解释汽车方面的问题时，她甚至比顾客听得还要投入，之后，她会在心里默默地将同事的话复述一遍。为了把这份工作做好，林文子做出了比其他人多几倍的努力，有很多个夜晚，丈夫在卧室里看着表等她，直到再也熬不住独自一人睡去。而林文子则依旧安然地在书房里啃读着书本。

这种对工作的热情得到了回报，她迅速跃升为店里业绩最好的业务员，让很多做汽车销售的同事大跌眼镜。林文子的勤奋是出了名的，她的敬业精神也是令人佩服的。

有一次，林文子的一个小侄女好奇地问她："姑姑，那个老头儿说是来买汽车，却对你唠唠叨叨了一个上午。我听得都要睡着了，你怎么一点也不烦啊？"

她回答说："对于客人来说，买车是人生的一件大事，销售员因售车在茫茫人海与客人相遇，听到他们为了买车而努力工作的奋斗精神并在事业上取得成功的故事，作为销售员的我，真为他们感到高兴。姑姑生来就是为他们做汽车销售的，为什么要烦他们呢？"

林文子在日记中曾经这样写道："在工作中，以一种什么样的心态去工作是非常重要的。带着强烈的爱去敬业，就是对工作能力的最有益补充，由于经验的不足，许多工作就更应该扎扎实实做好！如果不认真、不细腻地对待每一个细节，一方面是自己放弃了一个学习的机会，另一方面也增加了犯错的机会。敬业可以让一个人易于发现工作或事业中存在的问题，如果能积极地去学习、去请教，自然而然就可以学习到新的知识和技能，而通过解决问题的过程，又可以提高自己解决问题的能力，积累处理问题的经验。工作的过程是最好的学习和提高的过程。如果没有像爱家人一样爱工作的良好心态，就没有扎实的工作作风和高度的责任心，这实际上就是自己在浪费自己的时间和生命，在浪费最好的学习机会。"

高度的责任心，就是林文子最大的资本。《华尔街时报》曾这样评价成功者林文子："林文子一心一意奋斗在销售行业，她的敬业精神和工作业绩在男本位的日本商界显得尤为可贵。"正是缘于她的这种尽职尽责的敬业精神，她才能始终保持着每年100辆的最佳销售业绩，并借此开始了她青云直上的晋升。

无论你从事什么职业，都应该精通它。下功夫把知识学好，把问题弄懂，把技术学精，成为本行业中的行家里手，精通自己的全部业务，就能赢得良好的声誉，这样你就拥有了打开成功之门的秘密武器。

无论从事什么职业，只有全心全意、尽职尽责地工作，才能在自己的领域里出类拔萃。尽职尽责，才能为自己赢得更大的发展空间。对待工作，三天打鱼，两天晒网，稀里糊涂，应付了事，这样是永远看不见成就的。

07

不要为了薪水而工作

对于很多人来说，工作就是一种谋生的手段，是一种赚钱的方式。所以，他们在选择职业时，往往非常看重薪水和工作环境，却很少有人把学习技术、学习经验摆在第一位。你为什么而工作？这是一个十分现实的问题，如果是为了短期的薪水而工作，那很有可能你就一直在平庸的岗位上赚工资，无法超越自己。

对于职场中人尤其是初入职场的人来说，取经远比拿多少薪水更重要，学习到可以胜任岗位的技术和能力才是首要的。而如果公司能为你提供培训的机会，那么，感谢公司吧，因为培训是企业给你的最大福利。如果只把眼睛盯在薪水上，公司可能会用你，但是你只能做一些打杂性质的工作。而且像这种只为薪水而工作的员工，公司也不会给你机会培训。

有一个公司的经理这样谈他一次招聘的过程：

当时来面试的是一个刚刚毕业的大学生，高度近视，脸上的表情很漠然。对于刚刚进社会的大学生，我也没报太高期望，但是我还是希望从这些刚毕业的学生中挖掘一些可以塑造的人才。不过，我刚问了几个问题，他的回答迅速让我对他失去了兴趣，这时他开始和我谈薪水。

"你们公司的薪水一般是多少？"

"不同岗位的薪水不同，没有一个统一的概念。"

"那像我这样的呢？"

"你能做什么呢？从你刚才的回答，你没有明确地让我知道你能做什么，我总要根据你能做什么来考虑薪水吧？"

"反正应聘这个职位的应该总有个大概的薪水吧？"

"这个岗位，我们刚入职的员工从一千多到三千多都有。"

"一千多，大学本科的太低了吧？"

"我说也有三千多的，可是大学本科并不代表更多薪水哦。"

"你们是不是都喜欢选专科的？我去招聘会上，大多数公司都喜欢选专科的。"

"他们选专科的自然有他们的理由。"

"他们都觉得专科的比较能吃苦，我觉得这是不一定的。"

……

这样的人才，我们公司不敢用。

是的，一个企业的发展必须要有人才。而人才并不是现成的，很多都是经过自己公司培训的。一个只谈薪水的年轻人，心浮气躁，是成不了大器的。其实，大多数企业都有自己的员工培训计划，培训的投资通常由企业作为人力资源开发的成本开支。而且企业培训的内容与工作紧密相连，因此，你应该尽可能地争取成为企业的培训对象。选择工作，眼光一定要放长远，把自己的职业规划和人生目标考虑进去，关注现在很重要，关注未来更重要。

当然，不可否认的是，工作确实是我们的立身之本。要吃饭就要工作，饭是必然每天都要吃的，没有任何理由，因为你要生存，而且有时候吃饭也是一种享受。所以就工作而言，这碗饭的意义可是非同寻常。

两个工作不如意的年轻人，一起去拜望师父。"师父，我们在办公室被人欺负，太痛苦了！求你开示，我们是不是该辞掉工作？"两个人一起问。

　　师父闭着眼睛，隔半天，吐出五个字："不过一碗饭。"然后挥挥手，示意年轻人退下。

　　回到公司，一个人递上辞呈，回家种田，另一个选择留在公司。

　　日子真快，转眼十年过去了。

　　回家种田的以现代方法经营，加上品种改良，居然成了农业专家。

　　另一个留在公司的，也不差。他忍着气，努力学，渐渐受到器重，成了经理。

　　有一天两个人遇到了，农业专家问另一个人："奇怪！师父告诉我们'不过一碗饭'。这五个字，我一听就懂了，不过一碗饭嘛，有什么大不了的，何必硬留在公司里受气呢？所以我辞职了。你为什么没听师父的话呢？"

　　经理听了，笑道："师父说'不过一碗饭'。不管在公司里多受气、多受累，我只要想：不容易沟通的主管和不好相处的同事，到处都可能碰得到，不过为了混碗饭吃，少赌气、少计较就成了，师父不正是这个意思吗？"

　　两个人又去拜望师父，想弄明白师父的话到底是什么意思。师父已经很老了，仍然闭着眼睛，隔半天，答了五个字，"不过一念间"，然后挥挥手……

　　不过是一碗饭的问题！两个人的理解虽然角度不同，但是至少都明白了工作是必须做的事情。每个人工作的原因可能很多，除了一般的为了养家糊口的经济因素外，最主要的原因就是希望体现自己的价值。而做自己想做的事情，无疑是最开心地体现自身价值的方式，没有勉强、没有逼迫，在无拘无束的快乐心情中实现自己的价值。为吃饭而追求工作，如果做到卓越，你不仅拿到了更多的饭钱，也实现了自己事业上的成就。

我们反过来可以想，像比尔·盖茨这样的亿万富翁，他为什么还要工作？难道也是为了薪水？当然不是，比尔·盖茨的财产净值大约是466亿美元。如果他和他太太每年用掉一亿美元，他们要466年才能用完这些钱——这还没有计算这笔巨款带来的巨大利息。

美国Viacom公司董事长萨默·莱德斯通在63岁时开始着手建立一个很庞大的娱乐商业帝国。63岁，在多数人看来是退休、尽享天年的时候，他却在此时做了很重大的决定，让自己重新回到工作中去。而且，他总是一切围绕Viacom转，工作日和休息日、个人生活与公司之间没有任何的界限，有时甚至一天工作24小时。你认为他哪来的这么大的工作热情？

萨默·莱德斯通说："实际上，钱从来不是我的动力。我的动力是对于我所做的事的热爱，我喜欢娱乐业，喜欢我的公司。我有一种愿望，要实现生活中最高的价值，尽可能地实现。"

为薪水而工作是生理上的意义，为实现自我价值而工作是心理上的意义。后者更能让我们对工作注入激情，带着激情工作，才能感到快乐。一些心理学家发现，金钱在达到某种程度之后就不再诱人了。人生的追求不仅仅只有满足生存需要，还有更高层次的需求，有更高层次的动力驱使。其中，自我实现的需要层次最高，动力最强。

因此，薪水是必须追求的。但是在追求自我实现的时候，自然而然实现了对金钱的追求。不要问老板能给你多少钱，而要问自己值多少钱。你的能力决定你的薪水，而你的能力需要在自我实现的过程中得到提升。所以，应时刻保持积极的工作态度。消极的思想会让你看不到自己的潜力，会让你失去前进的动力和信心，会让你放弃很多宝贵的机会，使你与成功失之交臂，至于很高的薪水是不可能的，也永远无法达到自我实现。

08
把工作当成事业

众所周知，除了少数天才，大多数人的禀赋都相差无几。为什么在职场上有的人能做出成绩，而有的人一直碌碌无为呢？根本的原因在于对工作的态度，是把工作当作混饭吃呢，还是当作一生的事业去做？把工作当作事业的员工，工作就会投入，投入就会使你富有激情，而激情将会使你变得活跃。一个员工要有所发展有所成就，就一定要把每一项工作都当成事业去做。

一位哲人说过：如果一个人能够把工作当成事业来做，那么他就成功了一半。为什么要这样说呢？因为同一件事，对于视工作为事业者来说，意味着执着追求力求完美；而对于视工作为谋生手段者而言，则意味着出于无奈不得已而为之。执着追求比不得已而为之的效果肯定要好很多。

那么工作和事业有什么区别呢？工作，指个人在社会中所从事的作为主要生活来源的一项活动。事业，指人所从事的具有一定目标、规模和系统，对社会发展有影响的经常活动。一般来说，事业是终生的，而工作是阶段性的。工作往往是对伦理规范的认同，比如自己从事了某项工作，获得了一定报酬，伦理规范就要求他尽心尽力完成相应的职责，如此才能对得起自己所获得的报酬。事业则往往是自觉的，是由奋斗目标和进取之心促成的，是愿为之付出毕生精力的一种"工作"。可以说，工作包含在事业当中。如果把工作当成事业，这种自觉性和进取心会促使你把工作做到完美化。

查理·斯瓦布，出生于宾夕法尼亚的山村里。小时候，他家里非常贫穷，只受过短期的学校教育，从15岁开始在山村里赶马车。17岁时谋得另外一个工作，每周只有25美分的报酬。虽然如此，斯瓦布还是在寻找发展的机会。

不久之后，一个工程师来招工，去建筑卡内基钢铁公司的一个工厂，日薪一美元。工资低微，但是斯瓦布仍然做得很开心。他曾自言自语地说："总有一天，我一定要做到本厂的经理，我一定要做出一番成绩来，让老板主动来提拔我。我不去计较薪水，只管拼命工作，我要使我的工作能力和工作成效，远远超出我的薪水之上。"

抱着乐观的态度，做了没多久，斯瓦布就升任建筑技师，接着升任总工程师。到了25岁时，他就当上了那家房屋建筑公司的总经理。到了39岁，他一跃升为全美钢铁公司的总经理。现在他是伯利恒钢铁公司的总经理了。

斯瓦布先生成功的秘诀：他每提升到一个新职位时，从不把薪水的多少放在心上，他注意的是与旧职业相比较，新职位是否有更大的前途，尤其是否对能力提高有帮助。把工作当成事业，抱着极大的热情，一个卑微的马夫就这样成为美国一位著名的企业家。

比尔·盖茨说："如果只把工作当作一件差事，或者只将目光停留在工作本身，那么即使是从事你最喜欢的工作，你依然无法持久地保持对工作的激情。但如果把工作当作一项事业来看待，情况就会完全不同。"把工作当成事业，不管什么职位，你都尽力做到优秀。这样的员工立足现实，从不妄想一跃成功。他们会保持乐观愉快的心情，努力做事，积极进取，力求精益求精。

我们常常看到一种"有趣"的现象：有的人即使天天都在加班，经常熬更守夜也不叫苦，而且还会乐此不疲；而有的人即使是第一次加班，或者只是偶尔地加一次班，他们的嘴里也会叫苦不迭。其实作为每个员工来说，选择一份工作，谁都想做到优秀，谁都想得到老板的赏识。然而，就有很多人不由自主地埋怨、叫苦。关键是这些人没有把工作当成事业。

有句话这样说："一个人把工作当成是职业，他会全力应付；一个人把工作当成是事业，他会全力以赴。"没有把工作当成事业，只当作谋生的手段，得过且过，每到月底或月初拿那么一点点的薪水。应付工作的人，说不定连基本的生存都维持不了，何谈实现人生目标！

如果把工作当成一种谋生的手段，甚至看不起自己的工作，就会感到艰辛、枯燥、乏味。久而久之就会失去工作的激情和开拓进取的创意，就会变得越来越没有理想，变得牢骚满腹，变得痛苦疲惫。最后平平庸庸，一无所获。如果将工作当成自己的事业，就会因此迸发出无尽的热情与活力，自己的潜能也会得到最大限度的发挥。在自己不懈的努力下，业绩不断攀升，每一次小小的进步，都会收获不小的成就感。继而信心越来越足，不断超越自我，追求完美，又会取得更大的突破，自己的职业幸福感也随之提升。这时工作对自己来说不是一种苦闷，而是一种快乐。

如果你在工作时，想的只是薪水和奖金，想的只是怎样应对领导，那么，你所能做的只能是那些简单不过的事情，还不一定做得好；如果你不单单是为了薪水而工作，还为你的前程、为你的企业和团队而工作，把手中的工作当成事业来做，那么，即使你做任何琐碎的工作，你也会把它做得非常漂亮。

把工作当成事业，你会时刻保持热情。文学家拉尔夫·爱默生说："激情像糨糊一样，可让你在艰难困苦的场合里紧紧地把自己粘在这里，坚持到底。它是在别人说你'不行'时，能在内心里发出'我行'的有力声音。"这种对人生目标的激情，会产生巨大的力量，使我们对工作怀有崇高的责任感。那么，等待你的就是事业上的成功！

第六章

专注，
就是敬业

宋代大儒朱熹说："敬业者，专心致志，以事其业也。"所谓的敬业，就是专心致志把工作当成事业去做。专心致志，就是敬业的态度。只有用敬业的心，专心致志的态度，才能把手头上的工作做得更优秀、更专业。如何才能专心致志呢？顾名思义，要专注，要全心全意付出，不能懒惰，主动积极，重视每一个细节，力求做到完美。成功者，就是属于这些专心致志、有敬业精神的员工！

01
付出才有回报

在你得到想要的东西之前，你总是得先付出一些东西。收获不会凭空产生，不劳而获的事只是徒然的空想，永远不切实际。成功者是属于那些踏实工作，勤奋付出的人。

在寒冷的冬天，你想得到温暖，必须动手生炉子。在秋天，你想得到秋天满仓的谷物，必须在春天的时候播种。付出和回报之间有一个永远不变的因果关系，只有付出才能得到回报。

有一个人在沙漠行走了两天。途中遇到风暴。一阵狂沙吹过之后，他已认不得正确的方向。正当快撑不住时，突然，他发现了一幢废弃的小屋。他拖着疲惫的身子走进了屋内。这是一间不通风的小屋子，里面堆了一些枯朽的木材。他几近绝望地走到屋角，却意外地发现了一个抽水机。

他兴奋地上前汲水，却任凭他怎么抽水，也抽不出半滴来。他颓然坐地，却看见抽水机旁，有一个用软木塞堵住瓶口的小瓶子，瓶上贴了一张泛黄的纸条，纸条上写着：你必须用水灌入抽水机才能引水！不要忘了，在你离开前，请再将水装满！他拔开瓶塞，发现瓶子里，果然装满了水！

他的内心，此时开始交战着：如果自私点，只要将瓶子里的水喝掉，他就不会渴死，就能活着走出这间屋子！

如果照纸条做，把瓶子里唯一的水，倒入抽水机内，万一水一去不回，他就会渴死在这地方了……到底要不要冒险？

最后，他决定把瓶子里唯一的水，全部灌入看起来破旧不堪的抽水机里，以颤抖的手汲水，水真的大量涌了出来！他将水喝足后，把瓶子装满水，用软木塞封好，然后在原来那张纸条后面，再加上他自己的话：相信我，真的有用。

"要想取之，必先予之"，付出才有回报，这是一个千古不变的定律。不要那么贪心，不劳而获的事情，往往会让你付出代价。

一位平凡的教师，几十年如一日，在三尺讲台上挥洒自己的青春与汗水，以其精湛的教学素质和崇高的师德，换来了桃李满天下，换来了世人对他的尊重。

一名普通的交警，无论严寒酷暑都坚守自己的岗位，为路人排忧解难，在纷争前挺身而出，惩治那些违规驾驶者，维护了人们的安全和利益，博得了众人的赞赏与称颂。

一个勤劳的家庭主妇，一辈子为家庭劳心劳力，抚养子女，照顾老人，赢得了全家人的敬意，成为一个美满家庭不可缺少的主心骨。

无论你的工作再怎么平凡，我们总是为了想要得到的东西，用心去付出，因为只有这样才会看到结果。

成功不是唾手可得的，它必然有一个不断锤炼、不断拼搏的过程。如今的社会，很多人心境浮躁，不是静心工作和学习，而是急于求成；还有的人，在平常日复一日的工作中逐渐变得按部就班、安于现状，每日重复单调而枯燥的工作，总是埋怨工作没有乐趣，或者叹息如此乏味的工作没有多大发展，却从来没有感觉到紧迫感和危机感。当我们麻木、忽略的时候，我们身边的很多人，却正在争分夺秒、如饥似渴地学习新知识、新技能，求生存、求发展。如果我们还在原地踏步或者停滞不前，那么在高速发展的时代，在激烈的竞争中，我们不仅离成功越来越远，更会陷入被淘汰的危险。

付出，就是不断为你的成功铺路。这时会有人问："付出一定有回报吗？"对于这个因果关系，大家都尝试过。你要得到，必须先给予，想要回报就必须付出。但是付出不一定有回报，从短期来看是这样的，但是从长期来看，回报是必然的。现实生活中，往往不是事事都能尽如人意，付出并不总是能立竿见影地得到回报。然而，作为员工，你要知道，老板的眼睛是雪亮的，你的辛勤付出也许今天没人看到，没关系，说不定明天，你就会得到超出你几倍付出的回报。

努力不一定得到回报，但是不努力就什么也得不到。成功学中有一个伟大的定律，叫付出定律。它告诉我们，只要你有付出，就一定会得到回报。如果你觉得回报不够，那就表示付出不够；你想要得到更多，就必须付出更多。

曾经有一位芭蕾舞者，在加拿大芭蕾舞团担任主要角色，并在国际大奖赛中摘得桂冠。很多人肯定对类似的故事感到麻木，可能人家有那样的天赋。其实不然。我们再来看她付出的努力，她每天的练习量为：

第一，每天训练长达11个小时；

第二，经常连续11个小时反复练习同一个动作。

看到这样的数字，我们会有什么感觉呢？这个芭蕾演员再有天分，如果没有她这样艰苦的练习，怎么会有那样辉煌的成就？

成功没有偶然，都是必然的。哪一个成功者背后不是历尽了种种磨难，他们的成就都是用付出的汗水换来的。世人总是希望这个世界给自己多少回报，却忽略了自己到底为这个世界付出了多少。天地间那杆无形的大秤对每个人都是公平的，只有付出才会有回报。诚如一首歌所唱：世间自有公道，付出总有回报……不是不报，而是时候未到。

在付出的过程中，必然会遇到很多困难和挫折。很多人就因此而一蹶不振，那么不要说你的付出没有得到回报，而是你的付出不够，或者付出的方式不对。

首先，你的方向对了吗？一个南辕北辙的人，是到不了目的地的。有一个非常有意思的题目：一只鸡和一只鸭赛跑，为什么鸭赢了？鸡明明比鸭要跑得快，原因就在于鸡跑到了相反的方向。

其次，你真的努力了吗？付出，不是用时间去衡量，你的付出有没有效率呢？龟兔赛跑，兔子的失败在于它的自大，最终原因就是它的懒惰。工作中，如果你想得到主管的职位，却在自己的职位上混日子，你是不可能得到的。

再次，你坚持了吗？去泰山看日出一定要爬到山顶上，半山腰上是看不到最美的日出的。如果你在半路上放弃，你就失去了最美的日出。从付出到结果的过程中，或多或少会遇到挫折和苦难，勇敢接受困难，接受挑战，坚持到底，你就能看到成功的曙光！

还有，你的方法是对的吗？这就是为什么有些人一直在努力，就是看不到有效的结果。他们盲目地去努力，没有正确的方式方法，付出了汗水，是白付出了。

另外，有些回报不是用金钱去衡量的，不是用职位晋升去丈量的，它是潜在的。比如经验积累、发展机会，等等。每一个员工，在工作中所获取的，不仅仅是工资，还有学习的机会，增加你的身价、强化你的技能的锻炼机会，以及让你将来能有更好发展的工作经验，等等。这些比起金钱以及暂时的升迁机会，价值不知要高出多少倍！聪明的人是不会时时刻刻在脑子里计算自己的工资的！所以，要懂得感恩。在工作中时刻抱着感恩的心态，努力去工作。

真正成功或有可能成功的都是那些曾经全力投入和付出的人士。从成功人士身上，我们可以总结出这个结论：投入与产出是成正比的。只要你的目标明确，方法有效，经过持之以恒的努力，你一定可以登上心中那座神圣的山峰。

02

天上不会掉馅饼

付出才有回报，这是亘古不变的真理。天下没有免费的午餐，天上不会掉馅饼，不劳而获的事情是不可能的。想要出人头地，就得辛苦付出。但遗憾的是，有许多人仍然不动手去做，仍然梦想奇迹会发生，仍然想不劳而获。

从前，有一位爱民如子的国王，在他的英明领导下，人民丰衣足食，安居乐业。深谋远虑的国王却担心当他死后，人民是不是也能过着幸福的日子？于是他召集了国内的有识之士，命令他们找出一个能确保人民生活幸福的永世法则。

三个月后，这班学者把三本六寸厚的帛书呈给国王说："陛下，天下的知识都汇集在这三本书内，只要人民读完它，就能确保他们生活无忧了。"国王不以为然，因为他认为人民都不会花那么多时间来看书。所以他再命令这班学者继续钻研。又两个月后，学者们把三本书简化成一本。国王还是不满意，再一个月后，学者们把一张纸呈给国王，国王看后非常满意地说："很好，只要我的人民都真正明白及奉行这宝贵的智慧，我相信他们一定能过上富裕、幸福的生活。"说完后便重重地奖赏了这班学者。

原来这张纸上只写了一句话：天下没有白吃的午餐。

不劳而获，就像守株待兔一样，成功的几率几乎为零。人们崇尚劳动最光荣，并不是人人都喜欢劳动，而是人人都明白，只有付出才有回报。

常常会看到这种手机短信，说恭喜您中了大奖，十分拙劣的骗局，却总有人上当。还有各种招聘网站的广告，"轻松跳槽让你薪水翻番"，真有这个好事，招聘网站的人自己早去了，还轮得到你？为什么有人说自己被骗了，其实就是你自己有那种贪婪的不劳而获的心理。

每个人都想发达，都想成就一番事业，都想得到自己梦想中的金钱、权力等。很多人就把希望寄托在一夜暴富上。这是一种投机取巧的心理，运气是存在的，但是必须有努力做基础。很多人对于成功者是怀着这样的心态的：他有什么了不起，走了狗屎运而已，我要是有这么个机会，肯定比他强。运气这种东西可遇而不可求，尤其是那种一劳永逸的运气，绝大多数人是遇不到的。硬要去追求运气的话，结果往往是悲剧性的，比如赌博，永远是输得精光的比赢得暴富的多得多。

天上不会掉馅饼，就算有馅饼，也不会砸到这些抱有投机取巧心理的人头上。在职场里，也往往如此，没有精心努力而期待有好结果的人是大多数。

就是这种等着天上掉馅饼的心态，使很多人忘记了只有老实工作才有成就的道理。所以，他们不停地抱怨公司，埋怨老板，整天应付工作，并发出这样的言论："何必那么认真呢？""说得过去就可以了。""现在的工作只是个跳板，那么认真干什么？"结果，他们失去了工作的动力，不能全身心地投入工作，更不能在工作中取得斐然成绩。最终，聪明反被聪明误，失去了本应属于自己的升迁和加薪机会。

有一个年轻人叫王建，他刚开始在一家汽车公司下设制造厂上班，因为年轻，对工作漫不经心，工作起来很没有劲头。有一天，他的父亲对他说："你不可能在没有付出的情况下就得到你想要的一切。"

这时候，王建就开始问自己：我想得到什么？怎么才能得到？经过反思，王建开始了转变。他真正全身心投入了工作。

他细心观察工厂的生产情形，甚至不计辛苦地向一些老技术工人去讨教。当他知道一部汽车由零件到装配出厂，大约要经过13个部门的合作，而每一个部门的工作性质都不相同。他当时就想：既然自己要在汽车制造这一行做点事业，必须要对汽车的全部制造过程，都能有深刻的了解。于是，他主动要求从最基层的杂工做起。杂工不属于正式工人，也没有固定的工作场所，是制造厂里最苦最累的工种，哪里有零星工作就要到哪里去。

有付出才有回报。王建深深记住这句话。通过干杂工，王建和工厂的各部门都有接触，对各部门的工作性质也有了了解。不久，他就把制椅垫的手艺学会了。后来又申请调到点焊部、车身部、喷漆部、车床部去工作。不到五年的时间，他几乎把这个厂的各部门工作都做过了。

王建各种辛苦的付出，得到了老板的赞赏，他被提升为车间领班。他的任劳任怨、不计得失的精神被大家普遍认可，最终成了这家制造厂的副总裁。

在市场经济的条件下，企业作为一个以利润为目标的经济组织，任何企业的人力资源战略都必须服从于一个基本的"投资回报"的原则。也就是说，企业在考虑支付员工报酬的时候，必然要权衡员工对公司的劳动付出以及他为公司所创造的价值。从这个意义上说，任何员工想要得到更高的报酬，就必须要为企业创造更大的价值和利润。你为企业创造了多少，你就能得到多少。你的价值和你的付出无疑是成正比的。付出的越多，你的价值也就会越高，甚至成为不可替代的员工。

每个老板都希望拥有更多优秀的员工，期望优秀员工给企业带来更多的价值。如果你能够努力付出，尽力完成自己所能完成的工作，那么总有一天，你能够在众多员工中脱颖而出，赢得自己想要的生活。

要想成功，就要真正放弃投机取巧的心态，实实在在地付出。只要还存有一点取巧、运气的心态，你就很难全力以赴。不要梦想中彩票，或把时间花在赌桌上。这些一夜之间发达的梦想，都是人们努力的绊脚石。记住：天上不会掉馅饼！

03

认真是一种品质

认真，体现的是一个人做人做事的态度。做人最怕应付，做事最怕敷衍了事。工作中，保持认真的态度，是难得的一种品质。认真，是对工作负责的表现。一个认真的员工，不管做什么性质的工作，他都能做到尽善尽美。

毛泽东曾经说过："世界上，怕就怕'认真'二字。"工作中，一个人只要有认真负责的态度，就会随时保持紧迫感，会经常反思自己是否做好了分内的事情，会经常思考改进、完善工作的方法。

老刘是个退伍军人，几年前经朋友介绍来到一家工厂做仓库保管员。虽然工作不繁重，无非就是出库入库，按时关灯，关好门窗，注意防火防盗，等等，但老刘却做得超乎常人地认真，他不仅每天做好来往的工作人员提货日志，将货物有条不紊地码放整齐，还从不间断地对仓库的各个角落进行打扫清理。

三年下来，仓库没有发生一起失火失盗案件，甚至没出现一点差错，其他工作人员每次提货也都会在最短的时间里找到所提的货物。就在工厂建厂20周年的庆功会上，厂长按老员工的待遇亲自为老刘颁发了奖金5000元。好多老职工不理解，老刘才来厂里三年，凭什么能够拿到老员工的奖项？

厂长看出大家的不满，于是说道："你们知道我这三年中检查过几次咱们厂的仓库吗？一次都没有！这不是说我工作没做到，其实我一直很了解咱们厂的仓库保管情况。作为一名普通的仓库保管员，老刘能够做到三年如一日地不出差错，而且积极配合其他部门人员的工作，对自己的岗位忠于职守，比起一些老职工来说，老刘真正做到了爱厂如家，我觉得这个奖励他当之无愧！"

仓库保管员的工作对于很多人来说，都觉得琐碎、杂乱，他们可能会随便应付一下。但是老刘就不一样，三年如一日，把这些流水账一样的工作做得有条有理。

工作没有高低贵贱之分，也没有轻重之分，选择了一份工作，对你来说，这就是最重要的。但是很多人总是这样认为，自己的工作很琐碎，老板不重用自己，那就随便应付一下得了。一屋不扫，何以扫天下？连这些简单的工作都做不好，老板怎么能放心把更重要的工作交给你做呢？

夜晚，一个人在房间里四处搜索着什么东西。另一个人问道："你在找什么呢？"

"我丢了一枚金币。"他回答。

"你把它丢在房屋的中间，还是墙边？"另一个人问。

"都不是。我把它丢在了房屋外面的草地上了。"他又回答道。

"那你为什么不到外面去找呢？"

"因为那草地上没有灯光。"

这个丢金币的人，他犯了一个什么错误呢？在错误的地方寻找他所要的东西。有些员工不是在认真工作中寻找公司的重用，而是完全寄希望于投机取巧；有些员工则是以应付的态度对待工作，却希望得到老板的赏识，得不到就埋怨老板不能慧眼识英雄，或慨叹命运之不公。其实，他们缺乏的就是认真的态度。

杰克在一家贸易公司工作了1年，由于不满意自己的工作，他愤愤地对朋友说："我在公司里的工资是最低的，并且老板也不把我放在眼里，如果再这样下去，有一天我就要跟他拍桌子，然后辞职不干。"

"你对那家贸易公司的业务都弄清楚了吗？对于做国际贸易的窍门完全弄懂了吗？"他的朋友问道。

"没有！"

"君子报仇十年不晚！我建议你先静下来，认认真真地对待工作，好好地把他们的一切贸易技巧、商业文书和公司组织完全搞通，甚至包括如何书写合同等具体事务都弄懂了之后，再一走了之，这样做岂不是既出了气，又有许多收获吗？"

杰克听从了朋友的建议，一改往日的散漫习惯，开始认认真真地工作起来，甚至下班之后，还留在办公室研究商业文书的写法。

一年之后，那位朋友偶然遇到他。

"你现在大概都学会了，可以准备拍桌子不干了吧？"

"可是我发现近半年来，老板对我刮目相看，最近更是委以重任了，又升职、又加薪，说实话，现在我已经成为公司的红人了！"

"这是我早就料到的！"他的朋友笑着说，"当初你的老板不重视你，是因为你工作不认真，又不努力学习；而后你痛下苦功，担当的任务多了，能力也加强了，当然会令他对你刮目相看。"

当初你的老板不重视你，是因为你工作不认真，又不努力学习；而后你痛下苦功，担当的任务多了，能力也加强了，当然会令他对你刮目相看。多么实在的话，你不是缺少能力，而是不懂得用认真的态度去发挥你的能力。每一个人都是一块金子，只是外面包裹了一层沙土。那个慧眼不是别人的，而是我们自己的。用认真的态度对待工作，就是挖掘自己。

并不是每一个工作都是我们喜欢做的，但是前面我们也说过，工作是必须做的。尤其是有些不起眼的工作，很多人一旦遇到老板让自己做一些不起眼的工作，就会觉得沮丧。沮丧起来或许就会玩忽职守，这样一来很容易就会出错。那么连最简单、最不起眼的工作都认真不起来，又怎么能做好复杂重要的工作呢？所以，要认识到看起来不起眼的工作并不是不重要的工作，就像人穿衣服一样，因为只有美丽而贴身的内衣，才能将外表的华丽装扮更好地表现出来。所以，认真工作的前提就是重视你的工作。

另外，很多人不认真工作还有一个原因，他们不喜欢做自己要面对的工作。人们对待这样的工作，都是一副唯恐避之不及的态度。但是，工作总要有人来做，你也必须工作。既然择业的时候没有找到自己喜欢的工作，既来之，则安之，就不要再朝三暮四了。你必须为自己的选择负责。所以，认真工作就是你的责任。

又或者，老板派给你一个非常不起眼，也不可能出风头，无法表功的工作，你非常不乐意。假如你表示自愿做这种没有人要做的工作会怎样呢？这不但能赢得同事的尊敬，更能够得到老板的认同。有时还会让老板对你心存感激："这可多亏了你的帮忙！"没有哪一个工作是白做的，我们工作中的每一件事，只要我们认真做，都能从中受益。

每个老板都喜欢做事认真的员工，做事认真就是敬业。一个认真的员工，他不会丢弃自己的工作而去做私人的事情，他不会把老板交代给他的事情应付了事，他会做好每一个细节，力求完美。企业需要这样的员工，认真的人值得尊敬！

04
打好你手中的牌

　　人生就像打牌，不一定每一手都能拿到好牌，但是如果抓到不好的牌，难道就不打了吗？旅途中，如果每遇到一个挫折和困难就放弃这段行程，那么人生永远都是残缺的。工作也是一样，如果选择了自己不感兴趣的工作，就此放弃，下一个工作不一定会好。如果这样循环下去，你的雇佣信用将大打折扣。

　　艾森豪威尔是美国第34任总统，他年轻时经常和家人一起玩纸牌游戏。

　　一天晚饭后，他像往常一样和家人打牌。这一次，他的运气特别不好，每次抓到的都是很差的牌。开始时他只是有些抱怨，后来，他实在是忍无可忍，便发起了少爷脾气。

　　一旁的母亲看不下去了，正色道："既然要打牌，你就必须用手中的牌打下去，不管牌是好是坏。好运气是不可能都让你碰上的！"

　　艾森豪威尔听不进去，依然愤愤不平。母亲于是又说："人生就和这打牌一样，发牌的是上帝。不管你名下的牌是好是坏，你都必须拿着，你都必须面对。你能做的，就是让浮躁的心情平静下来，然后认真对待，把自己的牌打好，力争达到最好的效果。这样打牌，这样对待人生才有意义！"

　　听完母亲的话，艾森豪威尔感触很深。从那之后，他从来没有抱怨过命运，总是以积极、乐观的态度去迎接命运的挑战，竭尽全力做好每一件事情。

无论做什么事情，态度最重要。首先你要给自己说"我能做好"，那么你做好的可能性就很大。心理学上有一个"自我暗示效应"，就是说你的想法和决心能够影响你的行动。

有一个女孩子很希望拥有完美的身材，她最喜欢的明星就是张柏芝。为了达到张柏芝身材的那种效果，她在自己的床前床边、电脑旁边、衣柜上等地方，贴很多张柏芝的照片，每天醒来对着自己说"我要跟张柏芝一样瘦"。坚持很多天之后，她的身材果然好了很多。当然，她每天这样对自己说的目的就是促使自己用行动去瘦身。

有这样一个小故事：一只蜘蛛艰难地向墙上已经支离破碎的网爬去，由于墙壁潮湿，它爬到一定的高度，就会掉下来。它一次次地向上爬，一次次地又掉下来……第一个人看到了，他叹了一口气，自言自语："我的一生不正如这只蜘蛛吗？忙忙碌碌而无所得。"于是，他日渐消沉。第二个人看到了，他立刻被蜘蛛屡败屡战的精神感动了。于是，他变得坚强起来。

如何从失败中获得勇气与原则？答案是：我们的眼里只看到碌碌无为的人，我们就碌碌无为；我们的眼里只看到意志坚强的人，我们就意志坚强！

你想成为什么样的人，你就会成为什么样的人！人生不如意事十之八九，很多事情并不是按照自己的意愿去发展的。如果已经选择了一份工作，就要把它做好。一旦接受了工作，态度比能力更重要，态度能决定工作质量和效率，有了好态度，有了热心和激情，没准会让你喜欢上一项刚开始还陌生的事业，并做出令人骄傲的成绩来。如果你一开始就对自己说"这工作不适合我""我不喜欢这个工作"等等这些话，你是做不好这份工作的。

　　如果我们说自己适合，是因为我们试过。不要太早给自己和别人下结论，成功者首先要超越自己，然后才能卓越。

　　人生就好比打牌，我们不可能处处都能得到好牌，我们能做的就是将手里的牌精心打下去，即使那手牌再差、再糟糕，也应该努力打出自己的水平。只要我们尽心尽力去打，差牌未必就会输。对于工作，尽心尽力去做，把这一个工作就当成自己的事业，我们也能达到优秀。

05
勤劳是一种美德

　　勤劳，即勤奋劳动，是中华民族的传统美德。因为勤奋，中华民族才创造了几千年的辉煌文化，让我们现代人自豪。任何地方都讨厌懒惰和游手好闲的人，懒人不招人待见，也与成功无缘。

　　勤奋是成功的一个基本因素。一个学者的博学是依靠他长期知识的积累；一个运动员的本领是他常年付出的痛苦和汗水的报酬；一个电影演员的成名是多年的艰苦工作的结果；一个优秀的职业经理人是他兢兢业业勤恳工作的结果。勤奋，在很大程度上决定成功与否。

　　江郎才尽的故事我们都听说过，一个天才如果不勤劳，他同样沦为普通人。很多工作，我们都会做，就是因为懒惰这个毛病，不愿意动手去做，就失去了很多机会。

　　一天，孟子来到齐国，见到了齐宣王。孟子对齐宣王说："有人说，我的力气能够举起3000斤的东西，却拿不动一根羽毛；我的眼睛能够看清楚鸟羽末端新长出的绒毛，却看不到一大车木柴。大王相信吗？"

　　"我不信。"齐宣王回答。

　　孟子说："拿不动羽毛，是因为完全没有用力；看不到一大车木柴，是因为闭上眼睛不去看。不是不能做，而是不去做。"

"不去做和不能做有什么区别吗？"齐宣王问。

孟子说："抱起泰山，跳越北海，那是不能做；坡上遇到老人走路不便，不愿折枝给他当拄杖，那就是不去做。"

每个人都能成为某个领域的成功人士，懒惰使他沦为最平庸的人。关于上面这个故事，海尔集团的张瑞敏说过这样的话："想干与不想干，是有没有责任感的问题，是德的问题；会干与不会干，是才的问题。"不会干不要紧，只要想干，就可以通过学习、钻研，达到会干；会干，但不想干，工作肯定做不好。所以，懒惰是一种工作态度，该做的事不做，能做的事不做，这样的员工没有哪个老板会喜欢。

著名企业家杰克·韦尔奇有个"框架理论"。他以职业道德为横坐标，以工作能力为纵坐标，把员工分成四大类：人才(有才有德)、庸才(有德无才)、歪才(有才无德)和冗才(无才无德)。有一次，韦尔奇与英特尔公司总裁葛鲁夫在一起讨论对待这四类不同员工的对策时，韦尔奇唯独对有能力没品德的人特别提出了警告。韦尔奇强烈主张："有能力胜任工作，却消极怠工而不称职，这样的人，我发现一个就开除一个，绝不留情。"也有管理大师这样定义这四种人，有德有才的人是千里马，用自己的光和热帮助别人；有德无才的人是老黄牛，踏实地付出；有才无德的人是狗，仗着自己有点能力到处炫耀，胡乱咬人，就是不做事；无才无德的是猪，每天什么都不做，好吃懒做。后两种员工，就是被老板开除的首选。

小静和村里几个姐妹一起到广东去打工，她们刚开始一起到一个工厂上班，参加的是流水线作业，每个人都有固定的位置，要给流水线传过来的工件上螺丝。小静家庭贫困，她很希望把这份工作好好做下去，每次都非常用心。

有一次，与小静同时来厂的一个姐妹接了一个电话，就跟小静说："我要去下洗手间，很快就回来，你替我一下。"于是，小静就一人兼顾两人的活儿，等了十几分钟还不见这个姐妹回来。

正在这时，工厂老板来了。他一眼就发现小静在作业线上走来走去，这是违反车间规定的，于是叫住了她，问她原由。老板批评她违反了规定，小静不服气地说："我只是帮帮她，又没有耽误自己的事！"老板就问她，除了会上螺丝，还会做什么。小静回答，什么都能干。于是，老板又给她一份抄写的差事。老板本想通过这种方式惩罚这个违犯公司规定的丫头，谁知到小静竟然完成了：她先是给作业线上传过来的工件上螺丝，做得又快又好；在等下一个工件的间隙完成抄写任务，她竟然还写得一手好字！

老板没有想到这个意外的事情，他竟然能发现一个人才，这样勤奋又能力强的员工真是难得。于是老板把小静调离枯燥呆板的生产车间，委以更重要的任务。

后来，小静一步一步高升，最后从打工妹变成了企业老总。而跟她一同来到大城市打工的姐妹们，都湮没在了茫茫失业大军之中。

勤劳的人，从来不放弃任何锻炼和发展的机会。懒惰的人喜欢给自己找借口，对于勤奋的人他们总是充满了嫉妒。懒惰的人相信运气、机缘、天命之类的东西。看到人家发财了，他们就说："那是幸运！"看到他人知识渊博、聪明机智，他们就说："那是天分。"发现有人德高望重、影响广泛，他们就说："那是机缘。"他们不曾亲眼目睹那些人在实现理想过程中经受的考验与挫折；他们对黑暗与痛苦视而不见，光明与喜悦才是他们注意的焦点；他们不明白没有付出非凡的代价，没有不懈的努力，没有克服重重困难，是根本无法实现自己的梦想的。他们不知道明星在台上光彩照人的背后，付出了多少辛酸的努力。他们也不知道一个企业的总裁在创业的过程中历尽了多少辛酸苦辣。

其实，如果他们愿意去做那些艰苦的努力，他们同样可以得到，可惜的是，他们太懒惰。

盛大网络集团的董事长陈天桥，他曾经也是跟很多刚毕业的大学生一样，从打工开始，一步步成为一个集团的董事长。其中的秘诀就是勤奋。

1993年，陈天桥以优异的成绩从复旦大学提前毕业，并被分配到陆家嘴集团公司。找到工作的陈天桥希望能在第一份工作上展示自己的才华，谁知道他的工作竟然是在一个小房间里放映有关集团情况的录像片，而且一放就放了十个月。这对于名牌大学毕业的陈天桥来说，是一个莫大的打击。这样的工作怎么施展自己的才华和抱负？

按照一般人的想法，也许会马上走人，再找一份不这样"委屈"自己的工作。但是陈天桥却没有这样做，他安心完成了所有手头的工作，又利用一切可以利用的时间潜心研读了大量的管理书籍。当别的同事在台球室消磨时间的时候，陈天桥在努力。就这样，这种寂寞中的勤奋让他克服了一般年轻人好高骛远、不脚踏实地的缺陷。

十个月之后，陈天桥的勤奋有了回报。当时集团下属的一家企业有个干部挂职锻炼的机会，集团选定陈天桥担任那家企业的副总经理。在这家企业里，陈天桥推行了一系列改革措施，并不断总结管理经验，也正是从那时起，他开始形成自己独特的战术和管理风格。这为他后来创建并管理盛大公司奠定了坚实的基础。

小至个人，大到一个公司、企业，他们的成功发展，正是来源于平凡工作的积累。当你认真了解每一件事，认真对待每一项工作，你就会发现自己的人生之路越来越宽广，成功的机会也会接踵而至。反之，如果你中了懒惰的毒素，对简单的工作视而不见，懒于动手，可能你真的就没有什么工作可以做了。

如果你永远保持勤奋的工作态度，你就会得到他人的称许和赞扬，就会赢得老板的器重，你自然就能够在职场中走得顺利些。成功者一定是勤奋者！

06
自发主动去做事

　　一个优秀的员工，不是把老板安排给自己的事情做完就可以，而是自发主动去做更多的事情。所谓自发主动，不仅包括主动去做事情而不用老板和上司去安排，还包括在工作的基础上尽量创新。市场经济条件下，需要的不再是"听命行事"的员工，而是那种不必老板交代，积极主动去做事的人。

　　首先，我们要明白为什么要自发主动去工作。工作需要我们注入热情，不去主动怎么能有激情。如果感觉自己的工作是被迫的，做事肯定是懒散的，抱着应付态度的。工作需要热情和行动，工作需要努力和勤奋，工作需要一种积极主动、自动自发的精神。只有以这样的态度对待工作，我们才可能获得工作所给予的更多的奖赏。对每一个企业和老板而言，他们需要的绝不是那种仅仅遵守纪律、循规蹈矩，却缺乏热情和责任感，不能够积极主动、自动自发工作的员工。

　　有这样一些员工，经常闲着无事可干，走过去一问原因，就说："老板安排的事情做完了啊！"他们按时上下班，把老板安排的事情做完之后，就在办公室里浪费时间，上上网，想想自己的事情，要么就与同事谈论与工作无关的事。这样的人每个公司都大有人在，他们认为，只要做完老板安排的工作任务就是做到最好了。很少去主动把工作做到更完美，觉得只要过得去就可以了。应该明白，那些每天早出晚归的人不一定是认真工作的人，那些每天忙忙碌碌的人不一定是优秀地完成了工作的人，那些每天按时打卡、准时出现在办公室的人不一定是尽职尽责的人。对他们来说，每天的工作可能是一种负担、一种逃避，他们并没有做到工作所要求的那么多、那么好。这种老板安排一件事情就只做一件事的人，迟早会失去工作，因为，老板根本没有那么多时间来安排他的工作。如果你想成为最优秀的员工，那么，就要做到不等老板来检查，你就做好了你的工作，而且还要懂得主动去做更多的事情。

吴征原是一个建筑公司的一名送水工。送水工的工作简单，又笨重。很多送水工非常讨厌这个工作，他们把水桶搬进来之后就一面抱怨工资太少，一面躲在墙角抽烟。可是吴征却不这样，他会给每一个工人的水壶倒满水，并在工人休息时缠着他们讲解关于建筑的各项工作。

吴征的勤奋主动引起了建筑队长的注意。两个星期之后，吴征当上了计时员。当上计时员的吴征依然勤勤恳恳地工作，他总是早上第一个来，晚上最后一个离开。由于他对所有的建筑工作，比如打地基、垒砖、刷泥浆都非常熟悉，当建筑队的老板不在时，工人们总喜欢向他咨询。这个两个星期之前仅仅是一个送水工的员工，竟然掌握了其他一直做建筑的工人所不熟悉的事情。

有一次，老板看到吴征把旧的红色法兰绒撕开包在日光灯上，以解决施工时没有足够的红灯来照明的困难，老板决定让这个肯动脑又能干的年轻人做自己的助理。后来，他成了公司的副总，但他依然特别积极主动地工作，从不说闲话，也从不参加到任何纷争中去。他鼓励大家学会用脑工作，学习和运用新知识，他还常常画草图、拟计划，向大家提出各种好的建议。

吴征是一个再普通不过的人，他之所以从送水工做到一个公司的执行副总，就在于他主动思考、积极工作。做送水工的时候，他没有像其他送水工一样抱怨工作累，薪水低。反而，把自己分内工作完成之后，主动学习建筑行业知识。这种积极主动的工作态度，为他赢得了一个又一个更宽广的发展平台。

在工作中，我们也经常会看到这样的人，他们对工作有一种茫然的态度。他们机械地上班、下班，等到了固定的日子领回自己的薪水，高兴一番或者抱怨一番之后，再继续机械地去上班、下班……这样的人，他们只是在被动地应付工作，只是为了挣口饭吃而已，没有激情，更别说全身心投入，至于创造性、主动性更不可能了。

被动的员工没有意识到工作对自己的重要性，也就是不重视自己的工作，不珍惜自己的工作。这样的员工，必定面临被淘汰。当大脑无意识地支配着一个人的工作的时候，他很难会最大限度地激发出对工作的热情、智慧、信仰、创造力，他也很难会主动地、卓有成效地工作。你也许觉得你的工作简单、琐碎，提不起兴趣，也毫无创造性可言。但是，就是在这极其平凡的、极其低微的工作中，往往蕴藏着巨大的机会。只要把工作做得比别人更迅速、更正确、更完美，调动自己全部的精力，从中找出新的方法来，就能引起别人的注意，得到老板的赏识。这一切，都需要你积极主动、用心去做。世界上没有卑微的工作，只有卑微的工作态度，只要你积极主动去做，再平凡的工作也能做得很出色。

被动的员工，说白了，就是缺乏责任心。因为害怕犯错误，就不愿意去承担因自己主动做事造成的后果。在他们的观念中，把这一切推给老板，就算是一个坏的结果，但那是老板吩咐的，这也不会怪罪到员工头上。他们凡事都等待命令，凡事都要请示。然而事事都去请示的话，不但增加了上司的负担，而且你自身也很难得到成长锻炼的机会。当你在对待那些旁人看来不是问题的问题时就会全搬到上司那里，请求下一步的指示。这样的员工，老板不敢把重要的工作交给他做，因为他们没有这个胜任力。这样一来，你的职场路就越来越窄。

成功者和失败者的区别就在于：成功者无论做什么工作，都会积极主动、用心去做，并力求达到最佳的效果，不会有丝毫的放松；失败者在做工作时，却常常轻率敷衍、得过且过。那种只等待命令行事的员工，因为长期对老板的依赖，失去了最基本的创新意识，没有了主动意识，慢慢地就落伍了。

被动的员工，亦步亦趋。他们的身影遍布每个公司里，他们永远是角落里那个最普通的员工，长期做那些简单烦琐的工作，他们内心里永远认为自己只能做助理。他们没有任何的发展空间。所以，要想在职场走得更远，必须学会独立，要有自主意识，多去接触信息，给自己充电。

在新经济时代，老板欣赏的，是那种不论老板是否安排任务、自己主动促成业务的员工，那些交给任务、遇到问题后不会提出任何愚笨的、啰唆问题的员工，那些主动请缨、排除万难、为公司创造巨大业绩的员工。主动执行的员工，他们的执行力远远大于被动执行的员工。

07
水滴一定会石穿

成功者大都具有水滴石穿的精神，他们目标始终明确，而且坚持不懈。职场上，普通的员工就是这些外表柔弱的小水滴，如何把石头滴穿，如何在职场如鱼得水，走到事业的顶峰，需要的就是这种目标明确、坚持不懈的精神。

我们身边有很多这样的人，他们永远都在忙碌，但是却始终没有效果。每天他们可能最早到公司打扫卫生，晚上可能是最后一个离开办公室，在工作的时候他们一样在做事，可是为什么就没有回报呢？其实，我们可以看得到原因，他们的工作繁杂，只是按部就班做事情，不去想自己做这个繁杂的工作并不是为了工作本身，而是以这个工作为事业的基础，一点一滴走向事业的高峰。他们或许有自己的目标，但是工作中处处会有困难和挫折，导致他们半途放弃。

水滴石穿的成语故事我们都听过，这个现象在生活中也是随处可见。水滴的柔弱，在于它自身的力量小。它的成功，就在于把细小的力量集中起来，创造了这个奇迹。

在美国，有一位保险员，他的客户是一个小学的校长，他的任务是说服校长让他的学生都投保。然而，校长对此毫无兴趣，每次都婉言谢绝。跑了好多次了，这个保险员慢慢地失去了信心，他对自己的能力也产生了怀疑。眼看其他的同事个个都有业绩，就自己还围着这个校长打转转。他打算放弃了。这时候他的妻子说："你都在这个人身上试了这么多次了，放弃太可惜了，还不如再试一次呢！说服不了没有关系，多跑一次也没什么大不了的！"保险员听了妻子的劝告，再一次去找那个校长。校长终于被他的诚心打动，同意全校学生投保。

他就是约翰·基米，美国著名的保险员，后来开办了自己的公司，成为美国著名的企业家。

约翰·基米成功的秘诀就在于水滴石穿的精神，目标专一，坚持不懈，这才奠定了他事业上的基础。

现在很多员工，特别是年轻人做事都缺乏耐心，很多细小的工作都不愿意动手去做。总是想着做大事，想成功。但是这些细小的工作就是为做大事做积累，成功不是一朝一夕的，而是一点一滴积累起来的。"不积跬步，无以至千里；不积小流，无以成江海。"任何工作都不是白做的，只要心中坚定我们的目标和方向，不懈地努力，就能走到成功的彼岸！

《世界上最伟大的推销员》的作者，著名的成功学专家奥格·曼狄诺则说道：

"要知道你无法使成就加速到来，正如同你不能使田野间的百花先期盛开。哪一座金字塔不是一块一块地用石头堆砌起来的？没有耐心的人是多么的贫乏！哪一处创伤不是渐渐地痊愈？

"没有耐心，任何智者开给希望获得成功的人所必备的珍贵良方也将一无用处。勇而不能忍常常能致命。空有抱负而不能忍，常能摧毁最有前途的生涯。

"耐心就是力量。用它来支撑你的精神，舔化你的脾气，窒息你的愤怒，埋葬你的艳羡，抑制你的骄傲，勒紧你的口齿，限制你的拳掌。当时机成熟时，送你完整的攀登成功之阶，因为你已经值得享受最后的成功。"

成功不是一蹴而就的，不是今天做一个促销员，明天就可以做业务主管的。成功需要一个明确的目标，然后需要持之以恒的信念。就算现在我们是一个普通的员工，只要我们朝着目标不停地努力，一样可以成为一个成功人士。

伟人在没有成为伟人之前，没有打算成为一个伟人，但是他们具有伟人的条件，那就是持之以恒。史学家司马迁为写《史记》花了九年的时间，李时珍用了十五年完成《本草纲目》，托尔斯泰用了二十七年写成《战争与和平》。在成功这条路上，如果没有坚定的目标，他们就没有流芳百世的成就。

做事情三分钟热度是不行的。有的人今天喜欢做销售，过几天又感觉销售太累，就改行去做教师。过一段时间又感觉教师不赚钱，又改行去做生意……到头来一事无成，他们还埋怨自己没有遇到机会。其实关键是他们没有一个明确的目标，就这样浪费时间。只有一心把事情做下去，才会与机遇之神碰面，从而把握机遇，迈向成功。为何诸葛亮肯效命于刘备军下？正因为刘备"三顾茅庐，咨臣以当世之事"，打动了诸葛亮，也为刘备的建国大业打下坚实基础。试问当初如果刘备去完一次草庐而不了了之，诸葛亮会帮助他吗？答案显然是否定的。越王勾践若不卧薪尝胆十年，而是无助地吟唱"问君能有几多愁，恰似一江春水向东流"，他能创造"三千越甲可吞吴"的奇迹吗？

我们都是平凡的人，但是不能甘于平庸。成功在远方，近处的路需要我们一步步的地走，路的尽头就是成功。请珍惜你现在的工作，把这份工作当成你事业成功的基础，脚踏实地，持之以恒，为自己的成功积累砖石。

08

坚持才能成功

　　格局决定高度，努力才有收获，坚持才能成功。成功者不是比我们聪明多少，而是比我们多坚持一步。很多职场的成功人士，都是经历过各种艰苦的磨难，才走到事业的高峰。没有半途而废的成功，也没有坚持到底的失败。坚持是一种难得的品质。

　　1987年，她14岁，在湖南益阳的一个小镇卖茶，1毛钱一杯。因为她的茶杯比别人大一号，所以卖得最快。那时，她总是快乐地忙碌着。

　　1990年，她17岁，她把卖茶的摊点搬到了益阳市，并且改卖当地特有的"擂茶"。擂茶制作比较麻烦，但也卖得起价钱。那时，她的小生意总是忙忙碌碌。

　　1993年，她20岁，仍在卖茶，不过卖的地点又变了，在省城长沙，摊点也变成了小店面。客人进门后，必能品尝到热乎乎的香茶，在尽情享用后，他们或多或少会掏钱再拎上一两袋茶叶。

　　1997年，她24岁，长达十年的光阴，她始终在茶叶与茶水间滚打。这时，她已经拥有37家茶庄，遍布于长沙、西安、深圳、上海等地。福建安溪、浙江杭州的茶商们一提起她的名字，莫不竖起大拇指。

　　2003年，她30岁，她的最大梦想实现了。"在本来习惯于喝咖啡的国度里，也有洋溢着茶叶清香的茶庄出现，那就是我开的hellip。"说这句话时她已经把茶庄开到了中国香港和新加坡。

心中有一个梦想，就为梦想做坚持不懈的努力，梦想终究会实现。成功没有秘诀，贵在坚持不懈。任何伟大的事业，成于坚持不懈，毁于半途而废。其实，世间最容易的事是坚持，最难的，也是坚持。说它容易，是因为只要愿意，人人都能做到；说它难，是因为能真正坚持下来的，终究只是少数人。巴斯德有句名言："告诉你使我达到目标的奥秘吧，我唯一的力量就是我的坚持精神。"

从古至今，没有哪个人的人生是一帆风顺的，成功永远伴随着荆棘和汗水。黎明前都有一段黑暗的日子，走过黑暗的日子，就来到了光明的世界。让我们来看一个美国人的人生轨迹：

21岁——生意失败；

22岁——角逐议员落选；

23岁——再度生意失败；

26岁——爱侣去世；

34岁——角逐联邦众议员落选；

36岁——角逐联邦参议员再度落选；

47岁——提名副总统落选；

49岁——角逐联邦参议员落选。

这个"大失败者"，就是亚伯拉罕·林肯。无数次的失败，没有让他泄气，反而激发了他强大的信心与敬业热忱。他始终坚持不懈，终使他在52岁时登上了总统宝座，成了名垂千古的伟人。

林肯的成功不是偶然的，是他坚持到底的必然结果。倘若他在任何一个困难上跌倒没有爬起来，那么就没有伟大的总统林肯。坚持自己的目标，永不言弃，这就是他成功的秘诀。

阿里巴巴的总裁马云曾经说过这样一句话："今天是残酷的，明天是残忍的，后天是美好的，但是大多数人都死在明天晚上。坚持一个晚上，你就看到了成功的光芒，可惜的是很多人坚持不了那最后的一步。"

美国著名的作家兼战地记者西华·莱德先生，曾经在《读者文摘》上撰文，记述了他走向成功的历程。他在文章中表示，在他的一生中，他所受到的最好忠告就是：继续走完下一里路。

"第二次世界大战的时候，我跟几个人不得不从一架破损的运输机上逃生，结果被迫降落在缅甸和印度交界处的森林里。当时我们唯一能做的就是拖着沉重的步伐往印度走，全程长达140英里，必须在8月的酷热和季风所带来的暴雨侵袭下，翻山越岭长途跋涉。

"才走了一个小时，我的一只长筒靴的鞋钉就扎了另一只脚。傍晚时双脚都起泡出血，像硬币那般大小。我能一瘸一拐地走完140英里吗？我们以为完蛋了，但是又不能不走。为了晚上找个地方休息，我们别无选择，只好硬着头皮走完下一英里路……

"当我推掉其他工作，开始写一本25万字的书时，心一直定不下来，我差点放弃一直引以为荣的教授尊严，也就是说几乎不想干了。

"最后我强迫自己只去想下一个段落怎么写，而非下一页，当然更不是下一章。整整六个月的时间，除了一段一段不停地写以外，什么事情也没有做，结果居然写成了。"

"坚持走完下一里路。"便是这位著名的战地记者的成功之道。人生就像长跑，也许就是最后的几百米，你没有坚持下去，你以前的付出就前功尽弃了。成功的秘诀，就在于确认出什么对你是最重要的，然后拿出各样行动，不达目的誓不罢休。

肯德基创始人——桑德斯上校，在他65岁的时候，身无分文且孑然一身，当他拿到生平第一张救济金支票时，金额只有105美元，内心实在是极度沮丧。他不怪这个社会，也未写信去骂国会，仅是心平气和地自问这句话："到底我对人们能做出何种贡献呢？我有什么可以回馈的呢？"

那就靠自己吧。桑德斯上校突然想到自己拥有一个独家秘方，这是一份人人都会喜欢的炸鸡秘方，不知道餐馆要不要？如果把这个秘方放到餐馆去，能不能产生经济效益呢？他再三考虑：要是我不仅卖这份炸鸡秘方，同时还教他们怎样才能炸得好，这会怎么样呢？如果餐馆的生意因此而提升，那又该如何呢？如果上门的顾客增加，且指名要点炸鸡，或许餐馆会让我从其中抽成也说不定。

产生这样想法之后的桑德斯上校兴奋不已，他忍不住开始尝试起来。于是，他接下来开始挨家挨户地敲门，把想法告诉每家餐馆："我有一份上好的炸鸡秘方，如果你能采用，相信生意一定能够提升，而我希望能从增加的营业额里抽成。"

几乎没有一个人会同意他的想法，但是桑德斯上校没有气馁，他继续游说，他不为前一家餐馆的拒绝而懊恼，反倒用心修正说辞，以更有效的方法去说服下一家餐馆。在过去两年时间里，他驾着自己那辆又旧又破的老爷车，足迹遍及美国每一个角落。困了就和衣睡在后座，醒来逢人便诉说他那些点子。他为人示范所炸的鸡肉，经常就是果腹的餐点，往往匆匆便解决了一顿。被拒绝整整一千零九次之后，终于有一家餐馆接受了他的点子。

是的，毫无疑问，他成功了。

与这些成功人士比起来，我们的条件并不是不如他们，那到底是什么造成这种差别呢？我们可以审视一下自己，如果我们连现在的工作都不用心，应付了事，打发时间混混日子，估计连基本的生存都难以维持，何谈成功呢！